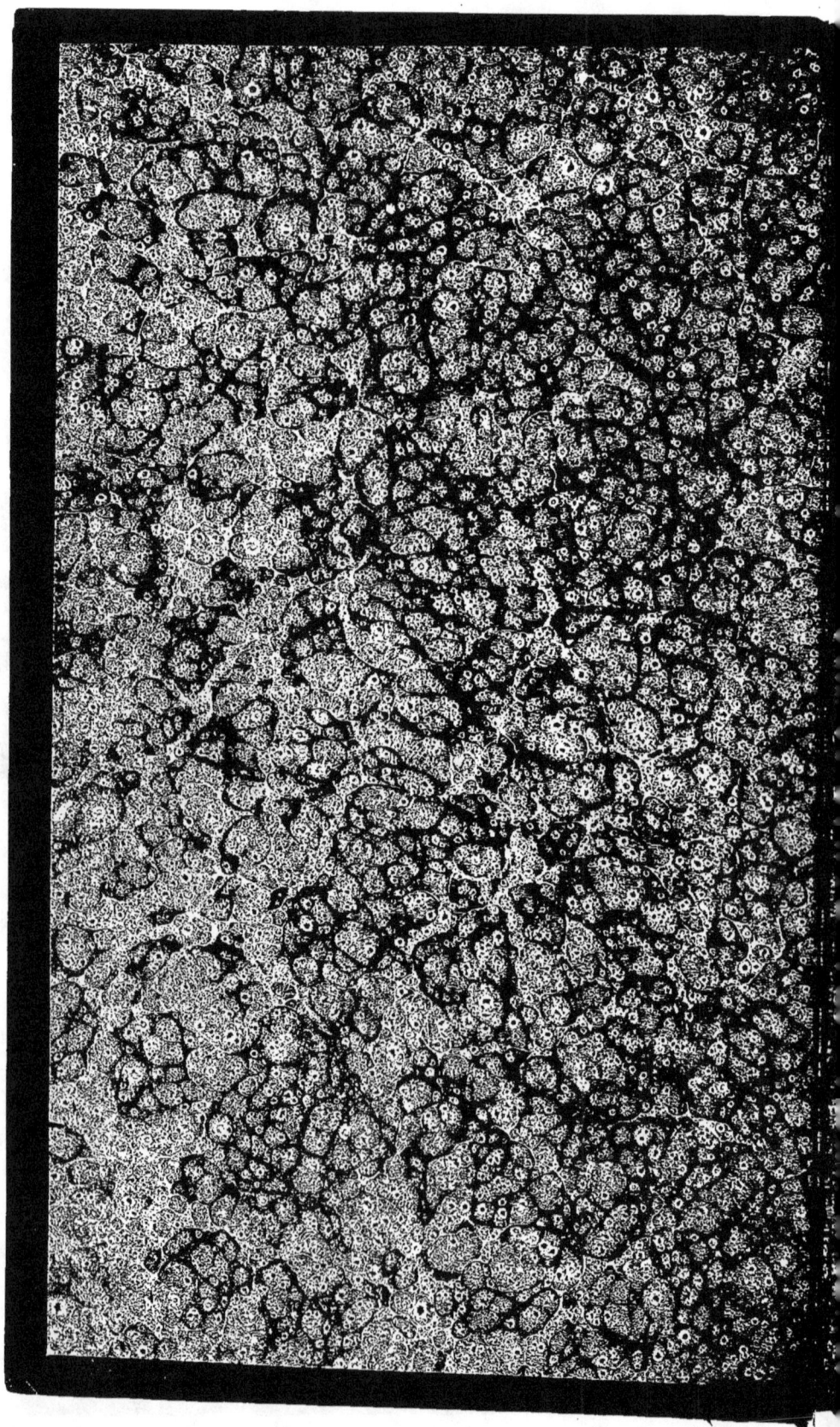

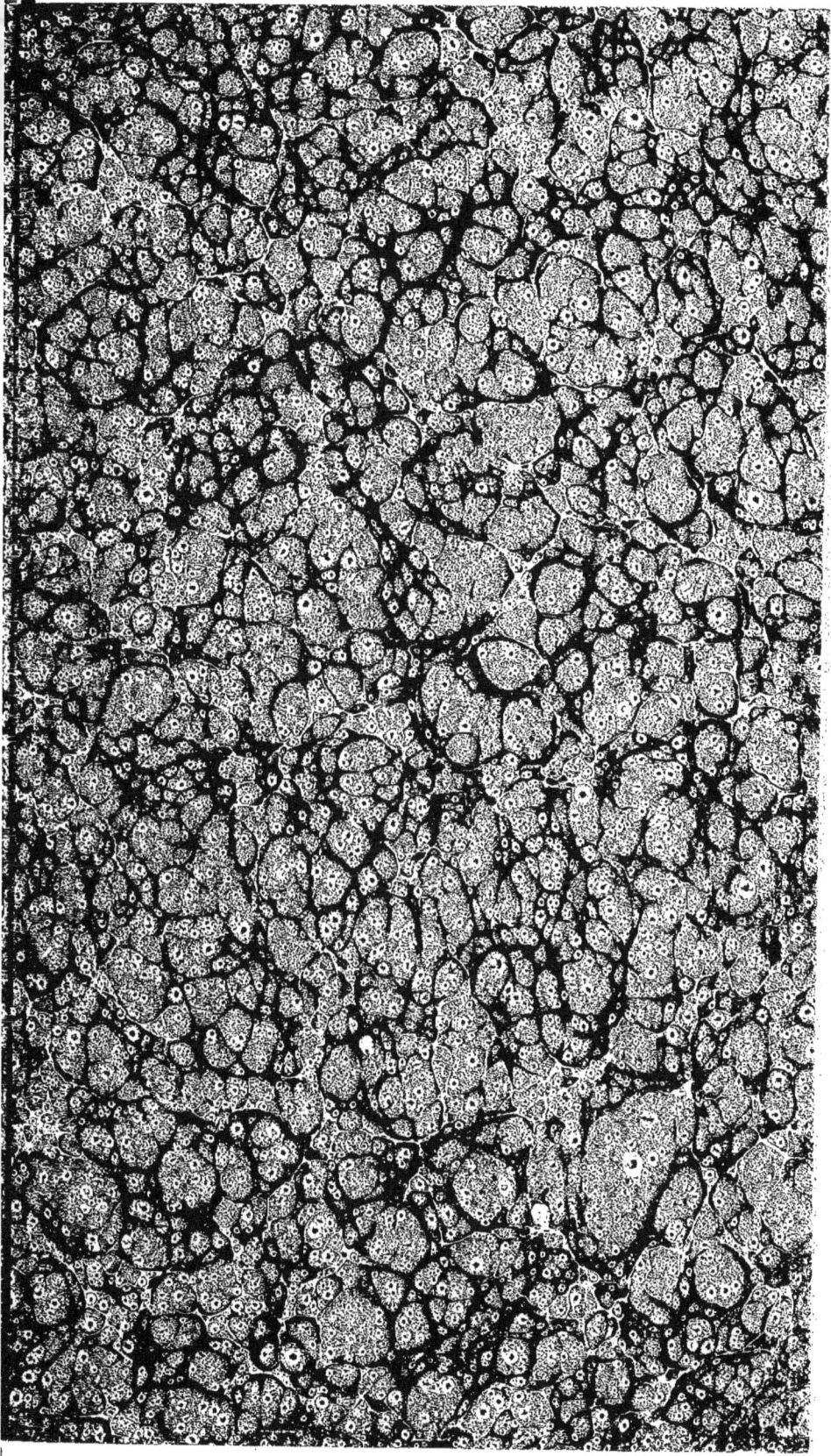

NOUVELLE NOTICE

SUR

LES NIVELLEMENS.

VALENCE, IMPRIM. ET LITH. DE CHENEVIER ET CHAVET.

NOUVELLE NOTICE

SUR

LES NIVELLEMENS

PAR

BOURDALOUE,

Ingénieur-résident des Chemins de fer du Gard
et Conducteur des Ponts et Chaussées.

AMÉLIORATION, CONSTRUCTION DE MIRES ET INSTRUMENS NOUVEAUX.

Nivellement général.

Tables des Repères du Midi.

TABLES DES ORDONNÉES DES COURBES
de 5 à 6,000 mètres.

TRACÉS ET NIVELLEMENS DE LYON A AVIGNON.

MARS
1847.

DÉPÔTS :

PARIS, CARILIAN-GOEURY, libraire des corps royaux des ponts
et chaussées et des mines, quai des Augustins, 41.
LYON, RICHARD, opticien, quai de Saône.
NISMES, GIRAUD, libraire.
MARSEILLE, CENTI, opticien, place de la Canebière.
VALENCE, CHENEVIER et CHAVET.

1847.

Service des Chemins de fer du Midi.

CIRCULAIRE N.° 432.

*A Messieurs
les Opérateurs des Chemins de fer du Midi.*

Le premier tirage de notre *Notice sur le Nivellement* (25 novembre 1844) étant épuisé, et de nouvelles améliorations ayant été apportées, nous avons rédigé la présente notice sur les nivellemens.

Nous la faisons suivre d'une table des repères généraux que nous avons obtenus, ainsi que de ceux que MM. les ingénieurs en chef ont eu la bonté de nous donner, et la terminons enfin en exposant les besoins d'un prompt nivellement général, qui aujourd'hui peut être exécuté à peu de frais.

Pour éviter aux personnes chargées de tracés et piquetages le calcul des ordonnées des courbes, nous joignons à la suite des tables de repères les ordonnées calculées pour toutes les courbes de 5 à 6,000 mètres de rayon.

Valence, le 7 mars 1847.

L'Ingénieur-résident,

BOURDALOUE.

NOTICE

SUR

LES NIVELLEMENS.

Les grands nivellemens qui nous ont été confiés depuis trente ans, pour études de canaux, routes, chemins de fer, desséchemens de marais, nous ont mis à même de pouvoir créer, améliorer et simplifier les instrumens, afin d'économiser le temps, et de diminuer, par conséquent, les frais énormes que ces grandes opérations entraînent, éviter surtout les erreurs, et obtenir en trois ou quatre fois moins de temps une plus grande précision.

Par les épreuves répétées depuis plus de quinze ans sur les grandes lignes, on peut assurer qu'au moyen de nos niveaux, mires et méthode d'opérer, les opérations coûtent trois fois moins, et présentent bien certainement, pour la France entière, une économie annuelle de plus de 100,000 francs, soit environ 1,000 francs seulement par département.

Pour atteindre notre but, nous avons d'abord cherché à reconnaître quel était le niveau le plus prompt, le plus sûr, le moins sujet à se déranger.

De l'avis même de M. Egault, c'est le niveau-cercle
exécuté sur ses indications par Lenoir, opticien à Paris.

C'est donc celui (Fig. 1, 2, 3, 4 et 5, Planches 1 et 2), que
nous avons choisi et amélioré :

1° En quadruplant la portée de sa lunette;

2° En augmentant ses dimensions ;

3° En fixant plus convenablement la bulle sur sa règle ,
où elle peut être rectifiée très-facilement ;

4° En y ajoutant la fourchette F (Fig. 1, 2, 3 et 6 ,
Planch. 1 et 2), qui, donnant sur les collets de la lunette
toujours la même position à la bulle, permet de faire plus
promptement les divers réglemens de l'instrument ;

5° En mettant à l'oculaire le pignon P (Fig. 1, 2 et 3,
Planche 1), qui permet de faire jouer la lunette très-
promptement et exactement , suivant les besoins et distances des points observés ;

6° En mettant, pour marquer le retournement de la
lunette et de la bulle , de gros chiffres **1.1** et **2.2**,
qui, devant toujours se raccorder, évitent, par ce moyen
bien simple, les erreurs qui avaient lieu si souvent dans
le retournement de l'instrument ;

7° En supprimant une des trois vis de pointage, qui est
remplacée par le ressort P (Fig. 1, 2 et 3, Planche 1), dont
l'action constante, ne laisse plus que deux vis placées
sous la main de l'opérateur, qui se manœuvrent ainsi
plus promptement et plus facilement ;

8° En faisant les pieds plus élevés, plus rigides, plus
fortement charpentés, pour éviter les oscillations.

Avec ces nouveaux instrumens, les rectifications sont
rares, et des cotes qui n'étaient lues qu'à 120 mètres ,
peuvent aujourd'hui être prises jusqu'à 500 mètres, et
même 700 , lorsqu'il n'y a pas de soleil.

Cet instrument (Figur. 1, 2 et 3, Planche 1) est employé très-avantageusement pour les grands nivellemens, afin d'établir dans les contrées traversées les repères généraux.

Sur le chemin de fer de Lyon à Avignon, on n'a accordé qu'une tolérance de *vingt millimètres* par 50 kilomètres, pour ces repères.

Au contraire, lorsqu'il s'agira de nivellemens de remplissage, de couvrir les plans d'étude de cotes, ou de faire des profils, on emploiera avec succès notre nouveau niveau dit *de détails* (Fig. 7, 8 et 9, Pl. 3; — 10, 11, 12, et 13, Pl. 4.)

Il peut également convenir pour des nivellemens de précision, mais de petite longueur (20 kilomètres environ).

Utilisé pour des nivellemens de précision, il se manie comme le grand niveau-cercle (Fig. 1, Planche 1), c'est-à-dire qu'il faut prendre les deux coups en retournant lunette et bulle, en assemblant successivement les chiffres **1.1** et **2.2** pour avoir la cote moyenne, la cote vraie.

Dans ce cas, ainsi que le grand niveau, on peut se dispenser de le régler.

Au contraire, lorsqu'on l'utilise pour les détails, qu'il remplace le niveau d'eau, il faut le régler, puis rendre toutes ses pièces solidaires au moyen de la fourchette F et des vis V V (Fig. 10, 11, 12 et 13, Pl. 4), et ne plus prendre qu'une seule cote par point observé.

N'ayant, comme le grand, que deux vis de pointage, il se manœuvre avec une très-grande facilité et promptitude.

MIRES.

La construction des mires, leurs dispositions, influent beaucoup sur les résultats des nivellemens. Il faut donc, avant d'en faire choix, se rendre bien compte de leur jeu, de leur précision.

Ainsi, les mires à coulisse et voyant (Fig. 14, Pl. 5), présentent les inconvéniens suivans, et doivent être abandonnées, surtout pour les grandes opérations.

Elles sont très-longues à manœuvrer : ce n'est qu'après bien des tâtonnemens, des signaux faits, que le voyant est fixé.

Composées de plusieurs pièces de bois, elles sont sujettes à de fréquens dérangemens.

Le porte-mire laisse glisser le voyant en voulant le fixer, et en apportant la mire à l'opérateur. Ces causes font écrire autant de fausses cotes.

En outre, si la mire n'est pas sur la verticale (Fig. 15, Pl. 6), il est impossible de le reconnaître.

Tous ces inconvéniens ont été évités dans nos règles-mires (Fig. 16, 17, 18 et 19, Pl. 5).

L'opérateur lit directement la cote : une seconde suffit pour cela.

Si le porte-mire ne tient pas entièrement sa règle suivant le fil à plomb, qu'elle penche en avant ou en arrière (Fig. 15, Pl. 6), alors, profitant des petites vacillations qui font lire successivement les cotes C C' C", on écrit la plus petite comme étant la verticale ou s'en rapprochant le plus.

Ces mires, composées d'une seule règle en bois léger, ne demandent point d'entretien ; le vent ne peut les briser, la pluie ne peut contrarier leur jeu, et l'opérateur est ainsi assuré de ne point perdre sur le terrain un temps très-précieux.

Enfin, la *vérification* du nivellement est faite immédiatement, et sans perte de temps, par le manœuvre dit *lecteur*, qui porte le niveau (Fig. 20 et 21, Planche 7). Deux heures suffisent pour former cet homme.

Il lit la mire pendant que l'opérateur écrit; après quoi, il appelle à haute voix les quatre chiffres *mètres, décimètres, centimètres, millimètres*, qu'il a lus machinalement, sans préoccupation d'esprit, sans se troubler, sans connaître même leur valeur.

Dans les cas bien rares où cette cote ne se rapporte pas entièrement à celle écrite par l'ingénieur, alors opérateur et lecteur relisent de nouveau, jusqu'à ce qu'ils soient d'accord.

Dans cette circonstance, le niveleur ne fait jamais connaître au lecteur la différence qui existe entr'eux.

De cette manière, on est très-certain d'avoir les véritables cotes avant d'enlever l'instrument.

Le carnet du lecteur est le même que celui de l'opérateur, et tous deux sont déposés dans les bureaux aussitôt qu'ils sont totalement écrits.

Ces mires étant très-élevées (3, 4, 5 et 6 mètres), permettent de changer bien moins souvent le niveau de place.

Elles s'ajoutent en outre au moyen de deux simples boulons (*têtes à oreilles*), qui sont à la disposition des porte-mires. Rarement on a recours à cette manœuvre.

Deux porte-mires sont indispensables, l'un en avant, l'autre en arrière, pour ne pas perdre de temps.

Les mires Fig. 19, Planche 5, sont pour les grands nivellemens.

Les plus petites divisions ont 4 centimètres, représentant seulement 2 centimètres, eu égard aux combinaisons et numérotage de cette mire, comme on le verra ci-après à la description de la tenue des carnets de nivellement.

Lorsqu'on les aura utilisées, on reconnaîtra presque de suite que de plus faibles divisions donnent des résultats moins prompts, moins satisfaisans, l'opérateur un peu exercé pouvant les évaluer à 400, 500 et 600 mètres de distance, à un ou deux millimètres près ; tandis que la mire à coulisse, qui semble présenter plus de garantie, donne pour le même coup plusieurs fois répété, même à faible distance, soit 100 mètres, plus de différence.

Les mires que nous avons toujours utilisées dans les grands nivellemens qui nous ont été confiés, ne sont divisées que de 5 centimètres en 5 centimètres, comme celle (Fig. 17, Pl. 5) que nous employons avec le niveau d'eau, et cependant de nombreuses vérifications ont témoigné de l'exactitude des opérations.

La mire Fig. 16 et 18, Pl. 5, est employée pour les nivellemens ordinaires de détail et l'établissement des travaux d'art.

Elle est divisée de 0ᵐ02 en 0ᵐ02, pour être plus facilement appréciée par l'opérateur, qui, un peu plus exercé, l'abandonne pour ne plus se servir que de celle Fig. 19, Planche 5.

La mire Fig. 17, Pl. 5, sert aux nivellemens faits avec le niveau d'eau ; mais aujourd'hui elle n'est presque plus utilisée dans le Midi, surtout depuis que nous avons remplacé si avantageusement le niveau d'eau par celui Fig. 7, 8 et 9, Pl. 3, qui se réglant très-promptement, étant très-portatif, et ayant quatre à cinq fois plus de portée, présente sur le premier un très-grand avantage.

LECTURE DES MIRES.

Mire Fig. 19, *Planche* 5.

Les divisions blanches et rouges ont chacune 0^m04, qui, eu égard au numérotage, qui n'accuse que moitié de la hauteur, ne valent que 2 centimètres ou plutôt 20 millimètres.

C'est la partie prise sur une de ces divisions par le fil horizontal de la lunette qu'il faut évaluer.

Supposons que les fils de la lunette viennent rencontrer la mire en A B de la division 0^m03.

Le premier chiffre lu est **0** mètre; on l'écrit comme ci-contre.

Le second **3** décimètres, à écrire à la suite.

Toujours ces deux premiers chiffres s'obtiennent directement.

Troisième, celui des centimètres. On remarquera que la ligne de mire A B prend deux divisions entières D et D', une rouge, une blanche, de 2 centimètres chaque, soit donc **4** centimètres à écrire pour troisième chiffre.

Quatrième chiffre, les millimètres. On voit très-facilement à l'œil que la ligne A B prend plus du cinquième de la division et moins du tiers; donc elle prend le quart d'une division valant 20, soit donc **5** de ces parties à écrire, ou 5 millimètres.

1er chiffre. 2e id. 3e id. 4e id.

0,545

Une heure d'étude suffit pour prendre l'habitude d'une prompte appréciation des cotes à lire.

Dans le Midi, principalement, où ces mires sont seules

employées, dix lecteurs lisant successivement, *le niveau et la mire étant invariables*, écriront tous à un ou deux millimètres près la même cote, même à 500 mètres de distance, ainsi que l'expérience en a été faite si souvent en présence de MM. les ingénieurs et inspecteurs des ponts et chaussées; tandis, nous le répétons, que la mire à coulisse donnera beaucoup plus de différence pour le même coup plusieurs fois répété.

La forme des chiffres influe beaucoup sur leur prompte lecture, ainsi que leurs couleurs : le fond est blanc, les divisions sont rouges, les chiffres noirs.

Si l'on retourne la lunette et la bulle, si l'instrument n'est pas parfaitement réglé, les fils donneront une hauteur quelconque A' B', et la cote à écrire, en procédant de la même manière, sera 0^m355. Ces deux cotes seront reportées au carnet comme il est exprimé ci-dessous :

MODÈLE DU CARNET
De la Mire Fig. 19, Planche 5.

DESCRIPTIONS, *observations.*	CHAINAGE	COTES		Ordonnées ou altitudes rapportées à la mer.
		lues.	moyennes	
Arrière { 1er coup A B / 2e coup A' B'		0,345 / 0,355	0,700	
NOTA. Ce carnet ne doit être imprimé que sur le *recto.* Le *verso*, moins facile à écrire, reçoit les croquis nécessaires à l'intelligence du nivellement.				

La mire n'accusant que la moitié de la valeur des hauteurs, la cote moyenne s'obtient par conséquent en faisant la simple addition des deux cotes lues.

Si l'on opère avec la mire Fig. 16 et 18, Pl. 5, le carnet prend une colonne de plus, et la cote moyenne s'obtient en faisant l'addition des deux cotes lues et la divisant par deux.

Supposons que les fils de la lunette aillent rencontrer la mire en A B et A' B' (Fig. 18):

A B prenant les 2/3 de la division D ou de 20 millimètres;

A' B' prenant un quart, celle D', et opérant successivement pour les quatre chiffres, comme il est dit ci-dessus, on portera au carnet les cotes 0^m693, valeur de A B, et 0^m665, valeur de A' B'.

MODÈLE DU CARNET
De la Mire Fig. 16 et 18, Planche 5.

DESCRIPTIONS, observations.	Chainage	COTES			Ordonnées par rapport à la mer.
		lues.	totales.	moyennes	
Piquet X.		0,693 0,665	1,358	0,679	
NOTA. N'écrire également ce carnet que sur le *recto* du livret, et garder le *verso* pour y mettre au besoin les petits dessins et croquis facilitant l'intelligence du nivellement.					

Si l'on avait à porter sur ce carnet, par exemple, le nivellement exprimé par le dessin Fig. 22, Pl. 8, on l'y
inscrirait comme on l'a fait ci-dessous :

DESCRIPTIONS, *OBSERVATIONS.*	Chaînage	COTES			Or-données.
		lues.	totales.	moyennes.	
Point A	. . . .	. . . .	. . . .	. . . .	3,755
Mire-arrière sur ce point . .		1,796 / 1,794	3,590	1,795	~~5,550~~
	20,00				
Point B , mire intermédiaire.		2,047 / 2,045	4,092	2,046	3,504
	10,00				
Point C , mire intermédiaire.		1,550 / 1,550	3,100	1,550	4,000
	45,00				
Point D, mire-avant.		1,941 / 1,949	3,890	1,945	3,605
Point D, mire-arrière. . . .		2,578 / 2,572	5,150	2,575	~~3,180~~
	25,00				
Point E, mire intermédiaire.		2,925 / 2,929	5,854	2,927	3,253
	37,00				
Point F, mire intermédiaire.		1,711 / 1,709	3,420	1,710	4,470
	22,00				
Point G, mire-avant.		» » / 1,148	1,148	1,148	5,032

Les ordonnées s'obtiennent en ajoutant à celle du point connu et de départ A, la hauteur de la mire à ce point dit *mire-arrière*, ce qui donne évidemment celle de l'axe optique du niveau (voir la Fig. 22).

Puis, en retranchant de cette ordonnée successivement la hauteur de toutes les mires intermédiaires et celle de la mire-avant, il restera la hauteur de chacun des points au-dessus de la mer, ou les ordonnées.

L'inspection seule de notre dessin (Fig. 22) suffit pour saisir de suite la manière de rapporter un nivellement sur les carnets.

Il est prudent : 1º de passer un léger trait sur l'ordonnée optique de chaque nivellement, comme nous l'avons fait ci-dessus, afin de mieux la reconnaître pour la combiner avec toutes les mires intermédiaires et avant, par voie de soustraction ;

2º De tirer les gros traits qui se remarquent dans le tableau pour annoncer le changement de niveau, c'est-à-dire le commencement d'un nivellement nouveau.

PROFILS EN TRAVERS.

Pour faire des profils, on emploie généralement le niveau d'eau ; mais il y a grand avantage, ainsi que nous l'avons déjà dit, à le remplacer par notre petit niveau (Fig. 7, 8 et 9, Pl. 3).

Les profils en travers sont ou rapportés, comme le nivellement en long, à un plan horizontal déterminé, comme la basse mer, ou tout simplement au piquet ou point d'axe auquel ils correspondent, et dont la cote est par conséquent toujours 0^{m}00.

C'est donc tout bonnement deux petits nivellemens à faire, l'un à droite de l'axe, l'autre à gauche sur la normale.

Seulement les points se trouvant tantôt plus élevés que celui d'axe, terme de comparaison, tantôt plus bas, le carnet de ces nivellemens doit porter de plus que les autres une colonne de signes + et —, faisant connaître pour le rapport desdits profils la position des points.

Soit un profil quelconque, série 125, piquet 10, à lever et rapporter. (Voir Fig. 23, Pl. 9, et le modèle du carnet ci-après, qui feront suffisamment comprendre le tout).

Modèle du Carnet des Profils en travers.

DESCRIPTIONS et OBSERVATIONS.	Chaînage.	Mires.	Signes.	Ordonnées.	Vérification.
SÉRIE 123. — PIQUET 10.					
CÔTÉ DROIT.					
Piquet d'axe. Le terrain à ce piquet. . . .	. . .	. . .	. . .	0ᵐ 00	Mires-arrière.
Mire-arrière sur ce piquet d'axe. . . .	0,00	1,00		~~1 00~~	1 + 4 = 5
Ruisseau des prairies, mire intermédiaire. . . .	2,00	4,00	—	3 00	Mires-avant.
Dessus de la digue Tarbet, *id.* . . .	3,00	0,00	+	1 00	2 + 1 = 3
Ruisseau du Moulinet, *id.* . . .	2,00	2,00		1 00	
Idem, mire-arrière. . . .	0,00	4,00		~~3 00~~	Retranchant ce total de celui 5 des mires-arrière, reste 2 pour ordonnées du dernier coup de niveau.
Coteau des Chèvres, mire-avant. . . .	3,00	1,00	+	2 00	
CÔTÉ GAUCHE.					
Piquet d'axe. . . .	. . .	. . .	. . .	0ᵐ 00	Arrière. 3,00
Idem, mire-arrière. . . .	0,00	3,00	+	3 00	Avant. . 4,10
Champ du petit moulin. . . .	5,00	1,00	+	2 00	
Prairie des Fées. . . .	3,00	4,10	—	1 10	— 1,10

L'ordonnée du piquet d'axe étant toujours 0ᵐ00, il est inutile de la porter sur le carnet, afin d'y économiser une ligne d'écriture.

Nous ne la faisons figurer ci-dessus que pour l'intelligence du carnet.

En effet, l'ordonnée de la mire-arrière sur le piquet d'axe s'additionnant toujours avec elle, est par conséquent la valeur même de la mire.

Cette ordonnée n'exprime donc que la hauteur du plan horizontal passant par le centre du niveau, et doit être marquée, comme nous le faisons, par un léger trait, pour n'être pas confondue avec les autres qui appartiennent au profil du terrain.

Lorsque le profil relevé est par trop accidenté, le niveleur doit, sur la feuille suivante du carnet, en figurer le croquis.

Ces profils, pour être pris avec intelligence, pour qu'ils représentent bien le terrain, sans cotes inutiles, demandent à être faits par des opérateurs exercés et intelligens.

RÉGLEMENT DU NIVEAU.

1º Il faut reconnaître, avant d'aller sur le terrain, si les deux collets de la lunette sont parfaitement égaux en hauteur, ce que l'on juge facilement en faisant usage de la bulle réglée ou non.

Pour cela, placez la lunette sur le limbe ou plateau à-peu-près mis de niveau, marquez au crayon la position exacte qu'elle y occupe ; puis placez dessus la bulle, dont la position ne peut varier à cause de la fourchette F (Fig. 6, Pl. 2).

Alors la bulle prend une position quelconque accusée

par la division du tube ; puis retournant la lunette,
faisant que la droite vienne à gauche, il est évident que si
les collets sont égaux, la bulle que l'on ne retourne pas
prendra la même position.

Dans le cas contraire, au moyen d'un papier fin à
l'émeri, appliqué sur une surface très-plane, *une glace*,
vous enlevez par le frottement de va-et-vient la quantité de matière infiniment petite qui fait l'excès d'un
collet sur l'autre.

Cette vérification ne doit avoir lieu que pour un instrument neuf, et pour celui qui aurait éprouvé de l'usure
par suite d'un grand service.

Tous les niveaux présentent cet inconvénient.

2o *Régler la bulle.* — Pour y parvenir, établissez (Fig.
24, 25 et 26, Pl. 10) l'horizontalité du limbe P P avec le
secours de la bulle, en lui donnant successivement les
positions normales B B' et B" B'".

Alors, si en la retournant B en B', B" en B'", elle ne
donne plus de différence, elle est réglée.

Si, au contraire, dans le retournement elle présente
des différences, vous en prendrez successivement la
moitié au moyen de la vis R de rappel de la bulle (Pl. 1,
3 et 10, Fig. 1, 2, 3, 7, 8, 24, 25 et 26), et le reste
par les vis V V' du limbe (Fig. 1, 2, 3, 7, 8 et 9, Pl. 1 et
3), jusqu'à ce que vous n'observiez plus de différence.

3o *Centrer la lunette.* — Le limbe étant de niveau, faites
porter à grande distance une mire ; prenez la cote,
soit. 2m 864

Retournez la lunette : si elle n'est pas réglée,
elle fera lire une autre cote, soit. 2m 786

Prenez le total 5m 550
Prenez la moyenne 2m 775

Alors, utilisant la vis de rappel P (Fig. 1, 2, 7 et 8, Planche 2 et 3), vous ferez jouer les fils jusqu'à ce qu'ils viennent croiser exactement la cote moyenne 2ᵐ775, et votre lunette sera centrée.

COURBURE DE LA TERRE ET RÉFRACTION.

Avec les niveaux ordinaires, les cotes ne peuvent être prises qu'à de faibles distances (150 mètres au plus); de là l'inutilité d'avoir recours à des rectifications pour les erreurs causées par la réfraction et la différence qui existe entre le niveau vrai et celui apparent.

Mais avec les améliorations que nous avons apportées au niveau, sa portée étant quadruplée, on doit, lorsqu'il y a différence de longueur de chaînage entre le coup-arrière et le coup-avant, avoir recours aux rectifications, en utilisant le tableau ci-après.

Supposons le niveau placé en N, les mires en M et M' (Fig. 27, Pl. 11), l'instrument donnera la fausse cote T de la tangente, mais lue en R, à cause de la réfraction, au lieu de la véritable cote du niveau vrai V.

Il faudra donc de la cote lue R M diminuer les quantités T V — T R, dont l'expression se trouve à la table en regard des distances ou chaînages, et opérer de même sur la quantité accusée de l'autre côté par la mire R' M'.

Pour faciliter l'usage de la table, pour que l'opérateur puisse toujours l'avoir présente à la mémoire, nous n'avons donné les quantités à retrancher que pour les chaînages de 100 mètres en 100 mètres.

Pour plus de prudence, il convient de la coller dans la boîte du niveau.

Par exemple, si le chaînage cote-arrière donne 600^m il faudra de la cote lue retrancher, ci. . . . . . . 0^{m}024

Celui avant 300 ^{m}, ci. . . . . 0^{m}006

L'opérateur faisant un grand nivellement, fera très-bien, chaque fois qu'il ne sera pas au milieu de la station, de retrancher de suite ces différences des deux mires, bien qu'on obtiendrait le même résultat en retranchant seulement l'excès de ces deux quantités sur la mire du plus grand chaînage.

De même, à cause des effets de la réfraction, dont les différences d'élévation sont très-variables, il convient de ne pas niveler à grandes distances lorsque le soleil est très-fort, surtout si le rayon visuel se rapproche trop du terrain.

Quoique notre grand niveau puisse facilement permettre de relever des cotes à 700 mètres, il faut se garder, pour les opérations de précision, de prendre d'aussi longues portées : 350 à 400 mètres suffisent; tandis qu'avant, dans ces opérations, on ne pouvait prendre des cotes qu'à 120 mètres au plus.

Enfin, si le nivellement est une des plus simples opérations, il réclame cependant, pour donner de beaux résultats de précision, que l'on raisonne et l'instrument et l'opération, et qu'on procède avec calme et méthode.

TABLE DES RECTIFICATIONS

Des millimètres lus en trop, pour différence entre la hauteur du niveau apparent au-dessus du niveau vrai et l'élévation de la réfraction.

CHAINAGE ou DISTANCE du niveau A LA MIRE.	QUANTITÉS A RETRANCHER des mires.	OBSERVATIONS.
100 mètres.	1 millimètre.	NOTA. Pour faciliter la mémoire, nous donnons les résultats en nombres ronds, annonçant des millimètres.
200 *id.*	3 *id.*	
300 *id.*	6 *id.*	
400 *id.*	11 *id.*	La plus grande portée du niveau étant de 700 m., on n'a à retenir que 7 quantités.
500 *id.*	16 *id.*	Quant à celles dues aux chaînages intermédiaires, elles sont proportionnelles aux longueurs.
600 *id.*	24 *id.*	
700 *id.*	32 *id.*	
800 *id.*	42 *id.*	Dans les grands nivelle-mens, les carnets étant im-primés, on fera bien de mettre en tête cette petite table.
900 *id.*	53 *id.*	
1000 *id.*	66 *id.*	

C'est au moyen des diverses améliorations énoncées dans cette notice que nous sommes parvenu à rendre les opérations du nivellement plus précises, trois ou quatre fois plus promptes, ainsi que cela vient d'être reconnu sur de grandes lignes nivelées aux chemins de fer du Gard, sur celui de Montpellier à Nismes, à l'époque des premières études, et dernièrement sur ceux de Marseille à Avignon, à Aix, à Lyon, etc.

En 1837, MM. Talabot et Didion, ingénieurs en chef, demandèrent qu'une expérience fût faite en leur présence, pour s'assurer que ces mires pouvaient être employées utilement par le premier opérateur venu.

A cet effet, on nivela, de la station de Nismes à la Tour-Magne, 2,500 mètres, à travers la montagne, les carrières, les clôtures et les accidens de terrain de toutes sortes, et sept vérifications faites avec le plus grand soin se rapportèrent à quelques millimètres près.

Cette opération était confiée à M. Pouget, géomètre habile, mais qui nivelait pour la première fois.

Deux heures suffisent pour former un niveleur, s'il est un peu initié aux opérations.

Les nivellemens suivans, faits de la même manière, ont donné les résultats ci-après :

En 1830, d'Alais à Beaucaire,   72 kilomètres 0^{m}02
En 1836, de la Teste à Bayonne,   120   *id.*   0^{m}08
En 1843, de Beaucaire à Marseille, 90   *id.*   0^{m}10
En 1846, de Lyon à Avignon,   220   *id.*   0^{m}017

Enfin, si l'on poussait une seule ligne de nivellement à travers la France, d'une mer à l'autre, passant par Paris, soit environ 750 kilomètres, nous certifions que le premier niveleur venu, pourvu qu'il soit calme, fera, avec nos instrumens et notre méthode, cette opération en quarante-cinq jours, et n'ayant pour toute tolérance que . . . . 0^{m}03

NIVELLEMENT BAROMÉTRIQUE.

Les nivellemens barométriques sont appelés à jouer un grand rôle pour les premières études en terrains difficiles.

Leurs résultats sont prompts, mais n'accusent la vérité qu'à quelques mètres près, 5 environ.

Néanmoins, ils suffisent dans beaucoup de cas et donnent à l'ingénieur une première et utile connaissance des lieux.

Pour niveler au moyen des observations barométriques, il faut être muni de deux baromètres divisés en millimètres faisant corps avec leur thermomètre centigrade, et de deux thermomètres libres et centigrades, pour connaître les températures des couches d'air des deux stations; mais, comme ces instrumens sont très-fragiles, il convient, pour n'être pas exposé à faire des courses inutiles, d'en avoir toujours un troisième de rechange.

Les baromètres généralement employés sont ceux de MM. Gay-Lussac et Fortin.

L'*Annuaire du bureau des longitudes* donne brièvement les opérations et les tables nécessaires pour ce genre de nivellement : nous les rapportons ci-après, pour éviter des recherches, tout en tâchant de les rendre encore plus faciles à saisir, et terminons en donnant la disposition des carnets.

L'un est tenu à la station dont la hauteur au-dessus de la mer est déjà connue, et qui doit servir de terme de comparaison. On y enregistre de 10 en 10 minutes environ tous les mouvemens du baromètre et des deux thermomètres; et cela tout le temps que doivent durer les courses faites pour les observations des points que l'on veut connaître.

Le second est tenu par l'opérateur, qui, muni d'une bonne montre, commence par enregistrer la date et l'heure de son observation, pour, à son retour, prendre celle faite au même instant à la station prise pour point de comparaison.

Nous conseillons de chercher toujours à la choisir la plus rapprochée que possible des observations à faire, soit 12 à 15 kilomètres au plus.

De même, on ne doit pas opérer dans les momens de tempête et d'orage [1].

Les tables qui suivent semblent être les plus commodes de toutes celles qui ont été publiées pour faciliter le calcul des hauteurs, du moins lorsqu'on renonce à l'usage des logarithmes. Elle sont dues à M. Oltmanns.

Voici la marche des opérations :

Soit h la hauteur barométrique de la station inférieure exprimée en millimètres.

h' celle de la station supérieure.

T la température centigrade du baromètre de la station inférieure.

T' celle *idem* de la station supérieure.

t celle de l'air, station inférieure.

t' *idem*, station supérieure.

On cherche dans la table N.° 1 le nombre de mètres correspondant à h.

Idem pour h'.

Idem dans la table N.° 2, le nombre généralement très-petit qui se trouve en face de la quantité exprimée par T — T'.

La hauteur approchée sera $h — h' — (T — T')$, si la valeur de T — T' est positive.

Si, au contraire, T — T' donne une valeur négative, la hauteur approchée sera $h — h' + (T — T')$.

---

[1] Voir au tableau des altitudes ou ordonnées des départemens du Gard, de l'Aveyron, de l'Ardèche, de l'Hérault et de la Lozère, les notes fournies par M. Dumas.

Cette hauteur approchée étant obtenue, il faut lui faire une première correction dépendant de la température des couches d'air, par conséquent des résultats donnés par les deux petits thermomètres libres.

Ce résultat sera obtenu en multipliant la millième partie de la hauteur déjà trouvée par le double des températures données par les deux petits thermomètres libres, par $2 (t + t')$.

La correction sera positive, si $t + t'$ est positif.

Elle sera négative, si $t + t'$ est négatif.

La seconde et dernière correction, moins importante que la première, est celle de la latitude et de la diminution de pesanteur.

Elle s'obtiendra en prenant dans la table N.o 3 le nombre qui correspond verticalement à la latitude et horizontalement à la hauteur approchée.

Cette dernière correction est toujours additive.

Nota. Dans des cas très-rares, où la station inférieure est elle-même très-élevée au-dessus de la mer, il faudrait appliquer au résultat obtenu par les méthodes ci-dessus une petite correction toujours additive, et dont on trouve la valeur à l'aide de la table N.o 4.

Soit, par exemple, à la station inférieure $h = 600$ millimètres, et la différence de niveau trouvée $= 1500$ mètres.

Pour avoir la rectification à faire, vous établirez la proportion suivante :

$$1000 : 0^m 63 \left(\substack{\text{dûs à 600 millimè-} \\ \text{tres du baromètre.}} \right) :: 1500^m : x.$$

D'où $x = 0^m 95$ à ajouter comme correction à la hauteur 1500^m précédemment trouvée.

TYPE DU CALCUL.

Hauteur de Guanaxuato, observée par M. de Humboldt.

Latitude . . . . 21°

Station inférieure.
$\begin{cases} h \text{ hauteur du baromètre . } 763^{mm}15 \\ T \text{ thermomètre du baro-} \\ \quad \text{mètre (donnant sa tem-} \\ \quad \text{pérature)} . . . . \quad 25°30 \\ t \text{ thermomètre libre don-} \\ \quad \text{nant la température de} \\ \quad \text{l'air} . . . . \quad 25°30 \end{cases}$

Station supérieure.
$\begin{cases} h' \text{ hauteur du baromètre . } 600^{mm}95 \\ T' \text{ thermomètre donnant} \\ \quad \text{la température du baro-} \\ \quad \text{mètre} . . . . \quad 24°30 \\ t' \text{ thermomètre libre } idem \\ \quad \text{des couches d'air. . . . } \quad 24°30 \end{cases}$

CALCULS.

Table N.° 1. $\begin{cases} \text{Donne pour } 763^{mm}15 = h . . . 6183^{m}50 \\ Idem \quad \text{pour } 600^{mm}95 = h'. . . 4280^{m}70 \end{cases}$

$\overline{\hspace{6cm} 1902^{m}80}$

Table N.° 2. T — T' soit 25°30 — 24°30 $= + 4°$. $\quad 5^{m}90$

$\overline{\hspace{6cm} 1896^{m}90}$

1ʳᵉ CORRECTION.

$\dfrac{1896^{m}90}{1000} \div 2 (t + t')$ ou $(25°30 + 24°30) = $ . . $\quad 176^{m}80$

$\overline{\hspace{6cm} 2073^{m}70}$

2ᵉ CORRECTION.

Table N.° 3. Elle donne pour 2073ᵐ70 et 21 degrés

de latitude, ci. . . . . $\quad 10^{m}60$

$\overline{\hspace{6cm}}$

Hauteur totale cherchée de Guanaxuato au-des-

sus de la mer 2084ᵐ30

Table N.º 1.

Millimèt.	Mètres.	Différence	Millimèt.	Mètres.	Différence
370	418,5		405	1138,3	
		21,5			19,6
371	440,0		406	1157,9	
		21,5			19,6
372	461,5		407	1177,5	
		21,4			19,6
373	482,9		408	1197,1	
		21,3			19,5
374	504,2		409	1216,6	
		21,2			19,4
375	525,4		410	1236,0	
		21,2			19,4
376	546,6		411	1255,4	
		21,2			19,4
377	567,8		412	1274,8	
		21,1			19,3
378	588,9		413	1294,1	
		21,0			19,2
379	609,9		414	1313,3	
		21,0			19,2
380	630,9		415	1332,5	
		20,9			19,2
381	651,8		416	1351,7	
		20,9			19,1
382	672,7		417	1370,8	
		20,8			19,1
383	693,5		418	1389,9	
		20,8			19,0
384	714,3		419	1408,9	
		20,7			19,0
385	735,0		420	1427,9	
		20,6			18,9
386	755,6		421	1446,8	
		20,6			18,9
387	776,2		422	1465,7	
		20,6			18,9
388	796,8		423	1484,6	
		20,5			18,8
389	817,3		424	1503,4	
		20,5			18,8
390	837,8		425	1522,2	
		20,4			18,6
391	858,2		426	1540,8	
		20,3			18,7
392	878,5		427	1559,5	
		20,3			18,7
393	898,8		428	1578,2	
		20,2			18,6
394	919,0		429	1596,8	
		20,2			18,5
395	939,2		430	1615,3	
		20,1			18,5
396	959,3		431	1633,8	
		20,1			18,4
397	979,4		432	1652,2	
		20,1			18,4
398	999,5		433	1670,6	
		20,0			18,4
399	1019,5		434	1689,0	
		19,9			18,3
400	1039,4		435	1707,3	
		19,9			18,3
401	1059,3		436	1725,6	
		19,8			18,2
402	1079,1		437	1743,8	
		19,8			18,3
403	1098,9		438	1762,1	
		19,7			18,2
404	1118,6		439	1780,3	

Suite de la Table N.° 1.					
Millimèt.	Mètres.	Différence	Millimèt.	Mètres.	Différence
440	1798,4	18,1	475	2407,9	16,7
441	1816,5	18,0	476	2424,6	16,7
442	1834,5	18,0	477	2441,3	16,7
443	1852,5	17,9	478	2458,0	16,6
444	1870,4	17,9	479	2474,6	16,7
445	1888,3	17,9	480	2491,3	16,6
446	1906,2	17,8	481	2507,9	16,4
447	1924,0	17,8	482	2524,3	16,5
448	1941,8	17,8	483	2540,8	16,5
449	1959,6	17,7	484	2557,3	16,4
450	1977,3	17,6	485	2573,7	16,5
451	1994,9	17,7	486	2590,2	16,4
452	2012,6	17,6	487	2606,6	16,3
453	2030,2	17,6	488	2622,9	16,3
454	2047,8	17,5	489	2639,2	16,2
455	2065,3	17,5	490	2655,4	16,2
456	2082,8	17,4	491	2671,6	16,3
457	2100,2	17,4	492	2687,9	16,2
458	2117,6	17,4	493	2704,1	16,1
459	2135,0	17,3	494	2720,2	16,1
460	2152,3	17,3	495	2736,3	16,0
461	2169,6	17,3	496	2752,3	16,0
462	2186,9	17,2	497	2768,3	16,1
463	2204,1	17,2	498	2784,4	16,0
464	2221,3	17,1	499	2800,4	15,9
465	2238,4	17,1	500	2816,3	15,9
466	2255,5	17,1	501	2832,2	15,9
467	2272,6	17,0	502	2848,1	15,9
468	2289,6	17,0	503	2864,0	15,8
469	2306,6	17,0	504	2879,8	15,8
470	2323,6	16,9	505	2895,6	15,7
471	2340,5	16,9	506	2911,3	15,7
472	2357,4	16,8	507	2927,0	15,7
473	2374,2	16,9	508	2942,7	15,7
474	2391,1		509	2958,4	

Suite de la Table N.° 1.

Millimèt.	Mètres.	Différence	Millimèt.	Mètres.	Différence
510	2974,0^m		545	3502,5^m	
511	2989,6	15,6	546	3517,2	14,7
512	3005,2	15,6	547	3531,8	14,6
513	3020,7	15,5	548	3546,3	14,5
514	3036,2	15,5	549	3560,8	14,5
515	3051,7	15,5	550	3575,3	14,5
516	3067,2	15,5	551	3589,8	14,5
517	3082,6	15,4	552	3604,2	14,4
518	3097,9	15,3	553	3618,6	14,4
519	3113,3	15,4	554	3633,0	14,4
520	3128,6	15,3	555	3647,4	14,4
521	3143,9	15,3	556	3661,7	14,3
522	3159,2	15,3	557	3676,0	14,3
523	3174,4	15,2	558	3690,3	14,3
524	3189,7	15,3	559	3704,6	14,3
525	3204,9	15,2	560	3718,8	14,2
526	3220,0	15,1	561	3733,0	14,2
527	3235,1	15,1	562	3747,2	14,2
528	3250,2	15,1	563	3761,3	14,1
529	3265,3	15,1	564	3775,4	14,1
530	3280,3	15,0	565	3789,5	14,1
531	3295,3	15,0	566	3803,6	14,1
532	3310,3	15,0	567	3817,7	14,1
533	3325,3	15,0	568	3831,7	14,0
534	3340,2	14,9	569	3845,7	14,0
535	3355,1	14,9	570	3859,7	14,0
536	3370,0	14,9	571	3873,7	14,0
537	3384,8	14,8	572	3887,6	13,9
538	3399,6	14,8	573	3901,5	13,9
539	3414,4	14,8	574	3915,4	13,9
540	3429,2	14,8	575	3929,3	13,9
541	3443,9	14,7	576	3943,1	13,8
542	3458,6	14,7	577	3956,9	13,8
543	3473,3	14,7	578	3970,7	13,8
544	3487,9	14,6	579	3984,5	13,8

Suite de la Table N.° 1.

Millimèt.	Mètres.	Différence	Millimèt.	Mètres.	Différence
580	3998,2		615	4464,8	
581	4011,9	13,7	616	4477,7	12,9
582	4025,6	13,7	617	4490,7	13,0
583	4039,3	13,7	618	4503,6	12,9
584	4052,9	13,6	619	4516,4	12,8
585	4066,6	13,7	620	4529,3	12,9
586	4080,2	13,6	621	4542,1	12,8
587	4093,8	13,6	622	4554,9	12,8
588	4107,3	13,5	623	4567,7	12,8
589	4120,8	13,5	624	4580,5	12,8
590	4134,3	13,5	625	4593,2	12,7
591	4147,8	13,5	626	4606,0	12,8
592	4161,3	13,5	627	4618,7	12,7
593	4174,7	13,4	628	4631,4	12,7
594	4188,1	13,4	629	4644,0	12,6
595	4201,5	13,4	630	4656,7	12,7
596	4214,9	13,4	631	4669,3	12,6
597	4228,2	13,3	632	4682,0	12,7
598	4241,6	13,4	633	4694,5	12,5
599	4254,9	13,3	634	4707,1	12,6
600	4268,2	13,3	635	4719,7	12,6
601	4281,4	13,2	636	4732,2	12,5
602	4294,7	13,3	637	4744,7	12,5
603	4307,9	13,2	638	4757,2	12,5
604	4321,1	13,2	639	4769,7	12,5
605	4334,3	13,2	640	4782,1	12,4
606	4347,4	13,1	641	4794,6	12,5
607	4360,5	13,1	642	4807,0	12,4
608	4373,7	13,2	643	4819,4	12,4
609	4386,7	13,0	644	4831,7	12,3
610	4399,8	13,1	645	4844,1	12,4
611	4412,8	13,0	646	4856,4	12,3
612	4425,9	13,1	647	4868,7	12,3
613	4438,9	13,0	648	4881,0	42,3
614	4451,9	13,0	649	4893,3	12,3

Suite de la Table N.° 1.

Millimèt.	Mètres.	Différence	Millimèt.	Mètres.	Différence
650	4905,6	12,2	685	5323,2	11,6
651	4917,8	12,2	686	5334,8	11,6
652	4930,0	12,2	687	5346,4	11,6
653	4942,2	12,2	688	5358,0	11,6
654	4954,4	12,2	689	5369,6	11,5
655	4966,6	12,1	690	5381,1	11,6
656	4978,7	12,2	691	5392,7	11,5
657	4990,9	12,1	692	5404,2	11,5
658	5003,0	12,1	693	5415,7	11,5
659	5045,1	12,1	694	5427,2	11,5
660	5027,2	12,0	695	5438,7	11,4
661	5839,2	12,0	696	5450,1	11,4
662	5051,2	12,1	697	5461,5	11,4
663	5063,3	12,0	698	5472,9	11,4
664	5075,3	11,9	699	5484,3	11,4
665	5087,2	12,0	700	5495,7	11,4
666	5099,2	12,0	701	5507,1	11,3
667	5111,2	11,9	702	5518,4	11,4
668	5123,1	11,9	703	5529,8	11.3
669	5135,0	11,9	704	4541,1	11,3
670	5146,9	11,9	705	5552,4	11,3
671	5158,8	11,8	706	5563,7	11,3
672	5170,6	11,9	707	5575,0	11,2
673	5182,5	11,8	708	5586,2	11,3
674	5194,3	11,8	709	5597,5	11,2
675	5206,1	11,8	710	5608,7	11,2
676	5217,9	11,8	711	5619,9	11,2
677	5229,7	11,8	712	5631,1	11,1
678	5241,4	11,7	713	5642,2	11,2
679	5253,2	11,8	714	5653,4	11,2
680	5264,9	11,7	715	5664,6	11,1
681	5276,6	11,7	716	5675,7	11,1
682	5288,3	11,7	717	5686,8	11,1
683	5300,0	11,7	718	5697,9	11,1
684	5311,6	11,6	719	5709,0	11,1

Suite de la Table N.º 1.

Millimèt.	Mètres.	Différence	Millimèt.	Mètres.	Différence
720	5720,1 ^{m}		755	6098,0 ^{m}	
721	5731,1	11,0	756	6108,6	10,6
722	5742,1	11,0	757	6119,1	10,5
723	6753,1	11,0	758	6129,6	10,5
724	5764,2	11,1	759	6140,1	10,5
725	5775,1	11,9	760	6150,6	10,5
726	5786,1	11,0	761	6161,1	10,5
727	5797,1	11,0	762	6171,5	10,4
728	5808,0	10,9	763	6182,0	10,5
729	5819,0	11,0	764	6192,4	10,4
730	5829,9	10,9	765	6202,8	10,4
731	5840,8	10,9	766	6213,2	10,4
732	5851,7	10,9	767	6223,6	10,4
733	5862,5	10,8	768	6234,0	10,4
734	5873,4	10,9	769	6244,4	10,4
735	5884,2	10,8	770	6254,7	10,3
736	5895,1	10,9	771	6265,0	10,3
737	5905,9	10,8	772	6275,4	10,4
738	5916,7	10,8	773	6285,7	10,3
739	5927,5	10,8	774	6296,0	10,3
740	5938,2	10,7	775	6306,2	10,2
741	5949,0	10,8	776	6316,5	10,3
742	5959,7	10,7	777	6326,7	10,2
743	5970,4	10,7	778	6337,0	10,3
744	5981,2	10,8	779	6347,2	10,2
745	5991,9	10,7	780	6357,4	10,2
746	6002,5	10,6	781	6367,6	10,2
747	6013,2	10,7	782	6377,8	10,2
748	6023,8	10,6	783	6388,0	10,2
749	6034,4	10,6	784	6398,2	10,2
750	6045,1	10,7	785	6408,3	10,1
751	6055,7	10,6	786	6418,5	10,2
752	6066,3	10,6	787	6428,6	10,1
753	6076,9	10,6	788	6438,7	10,1
754	6087,5	10,6	789	6448,8	10,1
			790	6458,9	10,1

Table N.º 2.

Thermomètre centigrade du baromètre.

o.	m.	o.	m.	o.	m.	o.	m.
0,2	0,3	5,2	7,6	10,2	15.0	15,2	22,4
0,4	0,6	5,4	7,9	10,4	15,3	15,4	22,7
0,6	0,9	5,6	8,2	10,6	15,6	15,6	22,9
0,8	1,2	5,8	8,5	10,8	15,9	15,8	23,2
1,0	1,5	6,0	8,8	11,0	16,2	16,0	23,5
1,2	1,8	6,2	9,1	11,2	16,5	16,2	23,8
1,4	2,1	6,4	9,4	11,4	16,8	16,4	24,1
1,6	2,3	6,6	9,7	11,6	17,1	16,6	24,4
1,8	2,6	6,8	10,0	11,8	17,4	16,8	24,7
2,0	2,9	7,0	10,3	12,0	17,6	17,0	25,0
2,2	3,2	7,2	10,6	12,2	17,9	17,2	25,3
2,4	3,5	7,4	10,9	12,4	18,2	17,4	25,6
2,6	3,8	7,6	11,2	12,6	18,5	17,6	25,9
2,8	4,1	7,8	11,5	12,8	18,8	17,8	26,2
3,0	4,4	8,0	11,8	13,0	19,1	18,0	26,5
3,2	4,7	8,2	12,1	13,2	19,4	18,2	26,8
3,4	5,0	8,4	12,4	13,4	19,7	18,4	27,1
3,6	5,3	8,6	12,6	13,6	20,0	18,6	27,4
3,8	5,6	8,8	12,9	13,8	20,3	18,8	27,7
4,0	5,9	9,0	13,2	14,0	20,6	19,0	28,0
4,2	6,2	9,2	13,5	14,2	20,9	19,2	28,2
4,4	6,5	9,4	13,8	14,4	21,2	19,4	28,5
4,6	6,8	9,6	14,1	14,6	21,5	19,6	28,8
4,8	7,1	9,8	14,4	14,8	21,8	19,8	29,1
5,0	7,4	10,0	14,7	15,0	22,1		

Table N.º 5.

Argumens. Latitude sexagésimale du lieu et hauteur approchée (correction toujours additive).

Hauteur approchée.	0°	5°	10°	15°	20°	25°
	m	*m*	*m*	*m*	*m*	*m*
200	1,2	1,2	1,2	1,0	1,0	1,0
400	2,4	2,4	2,4	2,2	2,0	2,0
600	3,4	3,4	3,4	3,2	3,0	2,8
800	4,5	4,5	4,5	4,3	4,1	3,8
1000	5,7	5,7	5,7	5,3	5,1	4,8
1200	7,0	7,0	6,8	6,4	6,0	5,8
1400	8,2	8,2	8,0	7,6	7,1	6,7
1600	9,2	9,2	9,0	8,8	8,2	7,6
1800	10,4	10,4	10,2	9,8	9,4	8,6
2000	11,6	11,5	11,3	11,0	10,4	9,6
2200	12,8	12,6	12,6	12,1	11,4	10,6
2400	14,0	14,0	13,8	13,3	12,5	11,6
2600	15,2	15,2	15,0	14,4	13,6	12,6
2800	16,6	16,5	16,4	15,6	14,8	13,6
3000	17,9	17,7	17,6	16,8	15,8	14,6
3200	19,1	18,9	18,7	18,0	17,0	15,7
3400	20,5	20,3	20,1	19,3	18,4	16,9
3600	21,8	21,7	21,4	20,4	19,6	18,0
3800	23,1	22,9	22,6	21,6	20,6	19,1
4000	24,6	24,4	24,0	22,9	21,9	20,3
4200	25,9	25,7	25,3	24,3	23,0	21,6
4400	27,5	27,3	26,8	25,8	24,3	23,0
4600	28,9	28,7	28,2	27,1	25,6	24,3
4800	30,4	30,2	29,6	28,4	27,0	25,5
5000	31,8	31,6	30,9	29,8	28,4	26,7
5200	33,0	32,8	32,1	31,0	29,7	28,0
5400	34,3	34,1	33,5	32,4	30,8	29,2
5600	35,7	35,5	34,8	33,7	32,1	30,2
5800	37,1	36,9	36,1	35,0	33,2	31,3
6000	38,5	38,3	37,5	36,3	34,3	32,3

Suite de la Table N.º 3.

Hauteur approchée.	30°	35°	40°	45°	50°	55°
	m	m	m	m	m	m
200	0,8	0,8	0,6	0,6	0,6	0,4
400	1,8	1,7	1,4	1,2	1,0	0,8
600	2,6	2,4	2,0	1,8	1,6	1,2
800	3,5	3,1	2,8	2,4	2,0	1,7
1000	4,3	3,8	3,4	3,1	2,6	2,2
1200	5,1	4,6	4,2	3,6	3,1	2,6
1400	6,1	5,4	4,8	4,2	3,6	3,0
1600	7,0	6,2	5,6	4,8	4,1	3,4
1800	8,0	7,0	6,3	5,4	4,6	3,8
2000	8,8	7,8	7,0	6,0	5,1	4,2
2200	9,7	8,6	7,6	6,6	5,6	4,6
2400	10,6	9,4	8,4	7,2	6,1	5,1
2600	11,6	10,5	9,2	8,0	6,8	5,6
2800	12,6	11,4	10,0	8,8	7,4	6,2
3000	13,6	12,2	10,8	9,4	8,0	6,6
3200	14,6	13,1	11,5	10,1	8,6	7,0
3400	15,7	14,1	12,4	10,9	9,2	7,7
3600	16,7	15,0	13,4	11,6	9,8	8,2
3800	17,7	15,9	14,3	12,4	10,5	8,7
4000	18,7	17,0	15,1	13,1	11,2	9,4
4200	19,9	18,0	15,9	14,0	12,0	10,1
4400	21,1	19,1	16,9	15,0	12,9	10,8
4600	22,3	20,3	18,0	15,9	13,6	11,5
4800	23,4	21,3	19,0	16,7	14,3	12,1
5000	24,6	22,3	19,9	17,4	15,0	12,7
5200	25,7	23,3	20,8	18,2	15,7	13,3
5400	26,7	24,3	21,7	19,1	16,4	13,9
5600	27,8	25,3	22,6	19,9	17,2	14,5
5800	28,9	26,3	23,6	20,7	17,8	15,1
6000	30,0	27,3	24,6	21,5	18,5	15,7

Table N.º 4.

Correction pour 1000m de hauteur.

h	Mètres.	h	Mètres.
400	1,71	600	0,63
450	1,39	650	0,42
500	1,11	700	0,22
550	0,86	750	0,03

TENUE DES CARNETS.

Carnet de la Station inférieure.

DATES.	HEURES.	*h* HAUTEUR baro- métrique.	TEMPÉRATURE.		OBSERVATIONS.
			T thermomètre du baromètre.	*t* thermomètre libre	
		mm			*Latitude 21°*
	1 h. après midi.	763,27	25° 20	25° 20	
	1 h. 10 min.	763,10	25.25	25.20	A la station infé-
	1 h. 20 *id.*	763,00	25.20	25.15	rieure, on savait que
					M. de Humboldt n'ar-
	1 h. 30 *id.*	762,90	25.20	25.20	riverait au sommet,
	1 h. 40 *id.*	763,00	25.10	25.20	point de son observa-
					tion, qu'à 2 heures
	1 h. 50 *id.*	763,00	25.20	25.25	environ ; en consé-
X	2 heures.	763,15	25.30	25.30	quence, les notes du
					présent carnet ont dû
	2 h. 10 min.	763,10	25.30	25.30	être faites, par pru-
	2 h. 20 *id.*	763,10	25.25	25.30	dence, avant et après
					cette heure, pour être
	2 h. 30 *id.*	763,10	25.30	25.35	assuré d'en avoir une
	2 h. 40 *id.*	763,00	25.40	25.35	faite à-peu-près au
					moment de l'obser-
	2 h. 50 *id.*	763,10	25.35	25.30	vation.
	3 h. après midi.	763,00	25.30	25.40	

Carnet de la Station supérieure.

ATES.	HEURES.	h' HAUTEUR baro- métrique.	TEMPÉRATURE.		HAUTEURS		Obser- vations.
			T' thermomètre du baromètre.	t' thermomètre libre.	par rapport à la station d'obser- vation.	au-dessus de la mer	
							Latitude 21°
X	2 heures apr. midi	mm 600,95	21° 30	21° 30	m 2084,30	m 2084,30	

REPÈRES.

Afin de faciliter les études et nivellemens à faire dans le Midi, nous donnons ci-après les tables des repères que MM. les ingénieurs ont eu la bonté de nous communiquer, et tous ceux que nous avons obtenus sur les chemins de fer du Midi.

Elles sont suivies de tables en blanc pour recevoir les nouveaux repères, au fur et à mesure qu'il y aura lieu d'en établir sur de nouvelles lignes.

Malheureusement, aucun de ces nivellemens ne se rapporte au même zéro de la basse mer. Le beau travail de la carte de France n'est pas exempt, à ce que nous pensons, de cet inconvénient. Les échelles mêmes des ports de mer, quoique souvent très-rapprochées, varient de 20 à 40 centimètres, ainsi que nous l'avons sûrement reconnu de Marseille à Bouc et à Cette.

Combien ne doit-on pas regretter que des frais trop élevés aient empêché jusqu'à ce jour d'établir sur toute la France des repères parfaitement vérifiés, et rapportés à la même basse mer, au même zéro ! Toutes les nombreuses études dernièrement faites se rapporteraient, et nous aurions, pour chaque département, un tableau ou une carte topographique de repères, qui abrégerait toutes les opérations, en leur donnant un enchaînement général. La carte de France eût vérifié et rectifié, au besoin, ses points d'altitude.

Mais aujourd'hui que ce travail peut être fait si lestement, avec tant de précision, il est à espérer que bientôt nous aurons des tables de repères pour la France entière.

Dans la colonne d'observations de chaque table, nous faisons connaître à quel zéro les repères se rapportent, et leur rapport avec ceux des autres tables.

La Planche 12 donne en outre les rapports qui existent entre les divers zéros qui ont servi pour les nivellemens de chacune de ces tables.

1ʳᵉ *Table.*

CHEFS-LIEUX DES 86 DÉPARTEMENS.

DÉSIGNATION DES REPÈRES.	ÉLÉVA-TION au-dessus de la mer.	Obser-vations.
Ain.		
Bourg. Sommet de la lanterne de l'église Notre-Dame.	275,1ᵐ	
Sol	227,1	
Belley. Sommet du clocher à coupole et lanterne.	311,1	
Sol	278,5	
Nantua. Eglise	»	
Sol de la prairie au bord du lac	480,0	
Gex. Centre de la boule du clocher . . .	679,5	
Pierres sépulcrales	647,3	
Trévoux. Sommet du signal établi sur la tour hexagone et en ruines du château de Trévoux.	276,7	
Sol	258,2	
Aisne.		
Laon. Sommet de la boule de la tour de l'horloge.	250,5	
Sol	180,5	
Soissons. Sommet de la galerie de la cathédrale.	114,0	
Pavé de la place de la cathédrale.	49,3	
Saint-Quentin. Sommet du clocheton de la collégiale	164,2	
Sol	104,4	
Vervins. Sommet du clocher.	219,8	
Sol de la chaussée pavée vis-à-vis le milieu du portail	174,6	
Château-Thierry. Sommet du toit de la tour de St-Crépin	119,2	
Sol	77,3	

Ces repères sont fournis par l'*Annuaire du Bureau des longitudes*, et ont été obtenus par une triangulation très-soignée. Néanmoins, ils ne peuvent accuser la vérité qu'à environ un mètre près.

DÉSIGNATION DES REPÈRES.	ÉLÉVA-TION au-dessus de la mer.	Obser-vations.
Allier.		
MOULINS. Beffroi; base du toit de la lanterne	257,5	
Sol	226,7	
Gannat. Clocher; tourelle de l'escalier . .	376,1	
Sol	347,5	
Lapalisse. Château; sommet de la tourelle culminante	325,0	
Prairie contiguë sur le Bèbre	280,0	
Montluçon. Tour de l'horloge (la boule a été prise pour sommet)	261,0	
Sol	227,9	
Alpes (Basses).		
DIGNE	»	
Barcelonette	»	
Castellane.	»	
Forcalquier. Grosse tour; le sommet. . .	588,8	
Sol de la route royale.	550,5	
Sisteron.	»	
Alpes (Hautes).		
GAP. Sommet du clocher.	780,4	
Sol	»	
Briançon	»	
Embrun.	»	
Ardèche.		
PRIVAS. Clocher des Recollets.	344,4	
Sol	322,5	
Largentière. Sommet du clocher	255,4	
Sol	224,3	
Tournon. Clocher du collége à l'Impérial; sommet.	152,5	
Sol	116,5	

DÉSIGNATION DES REPÈRES.	ÉLÉVA-TION au-dessus de la mer.	*Obser-vations.*
Ardennes.		
Mézières. Boule de la petite coupole du clo-cher	217,1	
Seuil de la grande entrée.	171,4	
Réthel. Cathédrale ; sommet du petit clocher qui surmonte le gros	138,7	
Pavé de la rue.	90,1	
Rocroy. Boule du clocher à coupole. . .	410,0	
Sol de l'embranchement des routes de Givet et de Marienbourg, au N.-E de Rocroy, à 900 mètres du glacis.	390,0	
Sédan. Boule dorée de la tour septentrionale de la cathédrale	197,7	
Pavé en face de l'entrée principale. . .	157,6	
Vouziers. Sommet de la flèche.	143,3	
Pavé en face de l'entrée principale. . . .	109,9	
Arriége.		
Foix.	»	
Pamiers.	»	
Saint-Girons	»	
Aube.		
Troyes. Tourelle de l'angle S. de la tour de la cathédrale de St-Pierre	180,5	
Sol	110,0	
Arcis-sur-Aube. Sommet de la lanterne. .	127,9	
Sol	95,1	
Nogent-sur-Seine. Balustrade de la galerie du clocher	107,8	
Sol	71,8	
Bar-sur-Aube. Église dans la partie nord de la ville.	»	
Sol de la prairie contiguë à la ville. . . .	166,0	
Bar-sur-Seine. Pignon E. de l'horloge ; le sommet	205,0	
Pavé de la gr. rue, en face de l'hôtel-de-ville	158,7	

DÉSIGNATION DES REPÈRES.	ÉLÉVA-TION au-dessus de la mer.	Obser-vations.
Aude.		
CARCASSONNE. Parapet de la tour de Saint-Vincent.	154,0	
Sol	103,7	
Limoux.	»	
Narbonne. Sommet de la tourelle de la tour N. de la cathédrale.	71,9	
Pavé de l'église.	13,0	
Caltelnaudary. Sommet de la flèche de Saint-Michel	235,0	
Sol	184,6	
Aveyron.		
RODEZ. Sommet de la tête de la Vierge qui surmonte la tour de Notre-Dame . . .	709,2	
Sol de la sacristie.	632,0	
Espalion. Clocher.	379,4	
Sol	342,2	
Milhau.	»	
Sainte-Affrique.	»	
Villefranche. Clocher.	325,2	
Sol	267,1	
Bouches-du-Rhône.		
MARSEILLE. Clocher de Notre-Dame-de-la-Garde.	165,7	
Sol	161,5	
Aix.	»	
Arles.	»	
Calvados.		
CAEN. Sommet du clocher de l'Abbaye-aux-Dames	71,0	
Sol	25,6	

DÉSIGNATION DES REPÈRES.	ÉLÉVA-TION au-dessus de la mer.	Obser-vations.
Calvados (Suite).		
Falaise. Sommet du clocher de Saint-Gervais	175,0	
Sol	133,6	
Bayeux. Pied de la croix du clocher de la cathédrale	121,0	
Sol	46,9	
Vire. Sommet de la coupole de la tour de l'horloge.	208,6	
Sol	177,4	
Lisieux. Église	»	
Prairies contiguës sur la Toucques. . . .	49,0	
Pont-l'Évêque. Sommet du clocher. . . .	48,2	
Sol	13,2	
Cantal.		
Aurillac. Sommet du clocher.	651,6	
Seuil de la porte d'entrée de l'église . . .	622,0	
Mauriac. Notre-Dame des Miracles ; donjon N.-E. du portail	721,2	
Sol	698,4	
Murat. Sommet du clocher.	967,0	
Sol . . . -	937,5	
Saint-Flour. Sommet du clocher	»	
Sol	883,4	
Charente.		
Angoulême. Sommet du clocher de Saint-Pierre	149,7	
Sol de l'église	96,5	
Cognac. Clocher ; sommet	74,1	
Sol	30,7	
Ruffec. Clocher à lanterne de la mairie . .	133,0	
Perron de la mairie.	110,0	

DÉSIGNATION DES REPÈRES.	ÉLÉVATION au-dessus de la mer.	Observations.
Charente (Suite).		
Barbezieux. Clocher ; sommet.	121,4	
Sol	»	
Confolens. Tour Saint-Michel.	201,4	
Sol	183,5	
Charente-Inférieure.		
La Rochelle. Tour de la lanterne . . .	60,6	
Seuil du corps de garde.	8,5	
Rochefort. L'hôpital	42,2	
Sol	15,5	
Marennes. Sommet du clocher	87,7	
Sol	10,2	
Saintes. Sommet de l'église de St-Eutrope.	85,8	
Pavé devant la porte de l'église.	27,4	
Jonzac. Clocher ; sommet	58,5	
Sol	»	
Saint-Jean-d'Angely. Sommet de la tour du nord	65,8	
Sol	24,0	
Cher.		
Bourges. Tourillon de l'horloge de l'église de Saint-Etienne	225,3	
Sol	156,3	
Sancerre. Sommet du clocher	330,2	
Sol	306,5	
Saint-Amand. Clocher	203,8	
Sol	165,5	
Corrèze.		
Tulle. Clocher ; sommet de la boule. . .	285,0	
Sol	214,1	
Brives. Tour de l'horloge ; sommet . . .	143,2	
Sol	117,4	
Ussel. Clocher de l'église.	674,3	
Dalles du porche	639,9	

DÉSIGNATION DES REPÈRES.	ÉLÉVA-TION au-dessus de la mer.	Obser-vations.
Corse.		
AJACCIO.	»	
Sartène.	»	
Bastia	»	
Calvi.	»	
Corte.	»	
Côte-d'Or.		
DIJON. Boule du clocher de St-Bénigne . .	338,1	
Seuil de la porte principale.	245,7	
Beaune. Sommet de la boule de la lanterne de Notre-Dame.	272,5	
Seuil de la porte principale.	220,1	
Châtillon-sur-Seine. Sommet de la lanterne de la flèche de Saint-Jean.	265,2	
Sol	231,6	
Sémur. Pied de l'échelle du télégraphe . .	431,7	
Sol	422,4	
Côtes-du-Nord.		
SAINT-BRIEUC	»	
Dinan	»	
Loudéac.	»	
Lannion.	»	
Guingamp.	»	
Creuse.		
GUÉRET. Clocher de Saint-Pardoux. . . .	481,0	
Sol	445,2	
Aubusson. Clocher	482,9	
Sol	456,6	
Bourganeuf. Clocher.	483,5	
Sol	448,8	
Boussac. Clocher.	410,7	
Sol	379,7	

DÉSIGNATION DES REPÈRES.	ÉLÉVA-TION au-dessus de la mer.	Obser-vations.
Dordogne.		
PÉRIGUEUX. Sommet du clocher	157,7	
Sol	97,9	
Bergerac.	»	
Nontron. Clocher; sommet.	236,4	
Sol	»	
Ribérac.	»	
Sarlat. Sommet du clocher.	183,0	
Sol	137,0	
Doubs.		
BESANÇON. Boule du clocher en lanterne de la citadelle	391,5	
Seuil de la chapelle de la citadelle. . . .	367,7	
Seuil de la porte de l'église Saint-Pierre. .	251,0	
Pontarlier. Boule supérieure du clocher. .	887,1	
Sol	837,8	
Baume-les-Dames	537,4	
Sol du plateau au nord de la ville. . . .	531,9	
Montbéliard. Grosse boule de la tour S. du château	367,7	
Sol du chemin qui longe le pied du château au sud et à l'est.	322,1	
Drome.		
VALENCE. Sommet de la tour Saint-Jean. .	154,5	
Sol	128,5	
Montélimar. Tour carrée.	116,3	
Pied de la tour.	97,0	
Sol de la route royale N.º 7, altitude moyenne de la ville	64,9	
Die. Clocher	443,1	
Sol	»	
Nyons	»	

DÉSIGNATION DES REPÈRES.	ÉLÉVA-TION au-dessus de la mer.	Obser-vations.
Eure.		
ÉVREUX. Boule de la flèche de la cathédrale.	139,1	
Pavé intérieur de la cathédrale, près de la porte latérale	66,5	
Louviers. Église	»	
Prairie contiguë sur l'Eure.	16,0	
Les Andelys. Sommet de la flèche des Petits-Andelys	59,0	
Seuil de la porte d'entrée principale de l'église	12,0	
Bernay. Église ; sommet du clocher . . .	152,0	
Sol de la prairie	105,0	
Pont-Audemer. Église.	»	
Prairie contiguë sur la Risle.	7,0	
Eure-et-Loir.		
CHARTRES. Sommet du clocher neuf de la cathédrale	270,8	
Sol de l'église	157,7	
Châteaudun. Sommet du clocher en pierre de Saint-Valérien.	187,5	
Sol	143,3	
Dreux. Sommet de la balustrade en pierre du télégraphe	161,5	
Sol	136,4	
Nogent-le-Rotrou. Clocher de l'église Saint-Hilaire	145,9	
Prairie contiguë	105,0	
Finistère.		
QUIMPER.	»	
Brest. Centre du mouvement du télégraphe de la tour de l'église de Saint-Louis. . .	82,9	
Pavé de l'église	33,1	

DÉSIGNATION DES REPÈRES.	ÉLÉVA-TION au-dessus de la mer.	Obser-vations.
Finistère (Suite).		
Châteaulin.	»	
Morlaix.	»	
Quimperlé.	»	
Gard.		
Nismes. Sommet des ruines de la tour Magne	137,5	
Sommet de la colline sur laquelle est bâtie la tour	109,4	
Sol de la cathédrale	46,7	
Alais. Clocher ; sommet de la tour . . .	168,0	
Sol	»	
Uzès.	»	
Le Vigan	»	
Garonne (Haute).		
Toulouse. Clocher de Saint-Sernin. . . .	209,4	
Sol	»	
Villefranche	»	
Muret	»	
Saint-Gaudens	»	
Gers.		
Auch.	»	
Lectoure. Sommet de la tour principale. .	225,0	
Sol	177,2	
Mirande.	»	
Condom.	»	
Lombez.	»	

DÉSIGNATION DES REPÈRES.	ÉLÉVA- TION au-dessus de la mer.	Obser- vations.
Gironde.		
Bordeaux. Sommet de la boule de la flèche O. de la cathédrale.	87,4	
Pavé de l'église	6,6	
Blaye. Flèche à l'entrée de la citadelle; sommet	31,8	
Sol	»	
Lesparre. Clocher ; sommet.	28,8	
Sol	»	
Libourne.	»	
Bazas	»	
La Réole.	»	
Hérault.		
Montpellier	»	
Béziers. Sommet du signal établi sur le clocher de l'église de St-Nazaire	117,9	
Pavé de l'église	69,7	
Lodève	»	
Saint-Pons. Sommet du signal du Roc-en-Grenier, près Saint-Pons	1039,7	
Tête de la borne	1035,3	
Ille-et-Vilaine.		
Rennes. Sommet du toit de la tour de Sainte-Mélanie	90,8	
Sol intérieur de la tour	53,6	
Fougères. Sommet de la lanterne du clocher de Saint-Léonard	178,9	
Seuil de la grande porte de la face occidentale de l'église	138,0	
Montfort	»	

DÉSIGNATION DES REPÈRES.	ÉLÉVA-TION au-dessus de la mer.	Obser-vations.
Ille-et-Vilaine (Suite).		
Saint-Malo.	»	
Vitré.	»	
Redon. Sommet de la flèche	79,2	
Sol	12,5	
Indre.		
CHATEAUROUX. Clocher.	193,2	
Sol	158,3	
Le Blanc. Clocher	134,4	
Sol	108,7	
Issoudun. Sommet de la tour.	176,2	
Sol intérieur	148,9	
La Châtre. Clocher	257,9	
Sol près de l'église	226,7	
Indre-et-Loire.		
TOURS. Sommet de la tour septentrionale de la cathédrale	123,2	
Sol	55,4	
Chinon. Sommet de la tour de l'horloge.	111,2	
Sol	82,4	
Loches. Sommet de la grande tour . . .	141,5	
Sol	89,6	
Isère.		
GRENOBLE. Point culminant O. de la Bastille	500,7	
Sol	483,5	
GRENOBLE. Clocher de Saint-Joseph. . .	246,7	
Sol de la place Saint-André.	213,0	
Latour-du-Pin	»	
Saint-Marcellin. Sommet du clocher. . .	324,1	
Sol	287,4	
Vienne. Église; la face ouest.	»	
Eaux du Rhône	150,0	

DÉSIGNATION DES REPÈRES.	ÉLÉVA-TION au-dessus de la mer.	Obser-vations.
Jura.		
Lons-le-Saulnier. Sommet du clocher des Cordeliers	294,2	
Sol	257,7	
Poligny. Base de la lanterne du clocher de Saint-Hippolyte	372,9	
Sol . . . . . -.	324,4	
Saint-Claude. Sommet du clocher. . . .	484,6	
Sol	436,6	
Dôle. Sommet de la coupole supérieure du clocher	295,1	
Sol	224,7	
Landes.		
Mont-de-Marsan. Tour E. de l'église . .	71,8	
Sol	42,8	
Saint-Sever. Sommet de la tour de l'église principale	129,0	
Carrelage de l'église.	100,1	
Dax. Tour de Borda, près de Dax; parapet de la tour	54,60	
Idem. Cintre la porte d'entrée	41,95	
Idem. Seuil de la porte d'entrée	39,9	
Loir-et-Cher.		
Blois. Sommet de la coupole supérieure de la tour de Saint-Louis	154,1	
Sol	102,1	
Romorantin. Clocher; le sommet. . . .	135,3	
Sol extérieur	85,4	
Vendôme. Sommet de la flèche de l'abbaye.	162,6	
Sol	84,5	

DÉSIGNATION DES REPÈRES.	ÉLÉVA-TION au-dessus de la mer.	Obser-vations.
Loire.		
MONTBRISON. Sommet du clocher. . . .	435,7	
Dalles à l'entrée dé l'église.	394,0	
Roanne. Sommet de la petite flèche de la tour carrée de la prison	309,8	
Seuil de la porte d'entrée de la prison . .	285,8	
Saint-Etienne. Sommet du clocher de l'hô-pital	568,0	
Dalles au pied du jambage de droite de la porte d'entrée N.-E. du clocher. . . .	540,4	
Loire (Haute).		
LE PUY. Sommet du grand clocher de la ca-thédrale.	738,0	
Sol	685,8	
Yssengeaux. Clocher ; sommet du toit de la tour N	892,1	
Sol	860,3	
Brioude. Sommet du clocher	477,9	
Sol	447,0	
Loire-Inférieure.		
NANTES. Sommet d'un signal sur l'observa-toire de la cathédrale.	81,9	
Sol	18,8	
Ancenis	»	
Châteaubriant.	»	
Paimbœuf	»	
Savenay	»	
Loiret.		
ORLÉANS. Sommet du clocher de Ste-Croix.	196,3	
Pavé de l'église	116,3	
Pithiviers. Sommet de la flèche	185,6	
Sol	119.9	

DÉSIGNATION DES REPÈRES.	ÉLÉVA-TION au-dessus de la mer.	Obser-vations.
Loiret (Suite).		
Gien. Clocher à lanterne ; la boule . . .	204,1	
Sol	152,1	
Montargis. Sommet de la tour	145,3	
Sol	116,4	
Lot.		
Cahors. Clocher de la cathédrale ; sommet.	169,7	
Seuil de la porte principale de la cathédrale, au niveau du sol de la place Royale. . .	123,5	
Figeac. Église du Puy ; sommet du clocher.	262,6	
Sol	224,8	
Gourdon. Église Saint-Pierre ; tour sud, faîte	297,1	
Sol sur lequel repose la première marche du perron de l'église	257,7	
Lot-et-Garonne.		
Agen	»	
Marmande	»	
Villeneuve-d'Agen	»	
Nérac	»	
Lozère.		
Mende. Flèche nord de la cathédrale ; sommet sous la boule.	846,8	
Seuil de la porte ouest de la cathédrale . .	73,5	
Florac. Clocher; sommet	628,3	
Sol	»	
Marvejols	»	
Maine-et-Loire.		
Angers. Sommet de la flèche de la tour méridionale de la cathédrale	121,8	
Sol	47,0	

DÉSIGNATION DES REPÈRES.	ÉLÉVA-TION au-dessus de la mer.	Obser-vations.
Maine-et-Loire (Suite).		
Baugé. Sommet de la lanterne du clocher de Saint-Jean	97,0	
Sol	58,6	
Segré	»	
Beaupréau.	»	
Saumur. Girouette du clocher.	106,3	
Sol	77,0	
Manche.		
SAINT-LO. Sommet de la flèche septentrio-nale	98,6	
Seuil de la porte d'entrée principale de l'é-glise Notre-Dame	33,1	
COUTANCES. Sommet de la tour du plomb de la cathédrale	146,7	
Sol	91,9	
Valognes. Sommet de la plus haute flèche .	75,7	
Seuil de la porte d'entrée principale de l'é-glise	30,7	
Cherbourg. Sommet du pignon N. de la calle N.° 4 du port	33,8	
Arête supérieure des quais de l'avant-port militaire.	5,0	
Avranches. Pied de l'échelle du télégraphe des Champs.	124,8	
Seuil de la principale porte d'entrée de l'é-glise des Champs	103,5	
Mortain. Faîte du clocher du collége. . .	273,6	
Sol	»	
Clocher de la paroisse	245,7	
Sol	215,0	

DÉSIGNATION DES REPÈRES.	ÉLÉVA-TION au-dessus de la mer.	Obser-vations.
Marne.		
CHALONS-SUR-MARNE. Sommet de la flèche septentrionale de la cathédrale. . . .	150,6	
Sol du portail de la cathédrale.	81,8	
Épernay. Sommet du clocher de la chapelle Saint-Laurent	92,3	
Seuil de la porte du cimetière.	81,3	
Rheims. Sommet du toit pyramidal de la tour septentrionale de la cathédrale. . . .	165,7	
Sol de l'église au centre de la tour . . .	86,1	
Sainte-Menehould. Sommet du clocher en aiguille	197,9	
Pavé de la place vis-à-vis de la grande porte de l'hôtel-de-ville.	138,2	
Vitry-le-Français. Boule sur la lanterne de la tour septentrionale de la cathédrale. .	150,2	
Sol de la porte de l'escalier de la tour . .	101,3	
Marne (Haute).		
CHAUMONT. Sommet du clocher du collége.	356,4	
Sol	324,0	
Langres. Sommet du toit de la tour méridionale de la cathédrale.	525,7	
Sol	473,0	
Vassy. Sommet de la lanterne du clocher	218,2	
Pavé du chœur de l'église	180,1	
Mayenne.		
Laval	»	
Mayenne. Clocher de Notre-Dame ; sommet de la lanterne.	133,1	
Sol du chœur de l'église	101,6	
Château-Gonthier. Tour Saint-Jean. . .	97,5	
Sol	58,5	

DÉSIGNATION DES REPÈRES.	ÉLÉVA-TION au-dessus de la mer.	Obser-vations.
Meurthe.		
Nancy. Centre de la boule du clocher. . .	275,1	
Sol	199,6	
Château-Salins. Pied de l'échelle du télégraphe	340,9	
Sol	334,9	
Lunéville. Tête de la statue de la tour méridionale	294,5	
Sol de la première marche du parvis. . .	234,6	
Sarrebourg. Sommet du clocher	282,0	
Sol	250,1	
Toul. Sommet de la tourelle de Saint-Gengoult.	255,7	
Sol	216,0	
Meuse.		
Bar-le-Duc. Sommet du clocher de l'église de Saint-Pierre	270,8	
Pied de la tour contre la porte extérieure .	239,4	
Commercy. Eglise	»	
Sol des prairies contiguës	243,0	
Montmédy. Boule dorée de la tour septentrionale	326,8	
Sol	293,9	
Verdun. Pied de l'échelle du télégraphe. .	320,7	
Sol	314,3	
Morbihan.		
Vannes. Saint-Pierre	65,6	
Dalles de la nef	18,1	
Pontivy.	»	
Lorient. Sommet du toit de l'observatoire .	59,2	
Sol	19,2	
Ploërmel. Sommet du parapet de la grosse tour	110,0	
Pavé de l'église	76,9	

DÉSIGNATION DES REPÈRES.	ÉLÉVA-TION au-dessus de la mer.	Obser-vations.
Moselle.		
METZ. Flèche de la cathédrale ; la base de la petite flèche	255,7	
Pavé intérieur à l'aplomb de la flèche . .	177,0	
Thionville. Tour de l'horloge ; le coq. . .	196,8	
Seuil de la porte d'entrée de la tour, à la face S.-O	155,0	
Briey. Sommet du clocher	288,0	
Seuil de la grande porte de l'église . . .	257,0	
Sarreguemines. Sommet du clocher . . .	236,2	
Seuil de la porte de l'église.	202,7	
Nièvre.		
NEVERS. Clocher de la cathédrale, tour St-Cyr ; sommet de la croix.	265,6	
Idem. Sommet de la tour	255,6	
Sol	200,8	
Château-Chinon. La boule du clocher . .	587,4	
Pavé de l'église	551,8	
Clamecy. Sommet du clocher	211,8	
Sol	157,5	
Cosne. Sommet du clocher de Saint-Jacques	185,2	
Sol	153,3	
Nord.		
LILLE. Boule de la lanterne du dôme de la Madeleine	71,9	
Sol	23,7	
Douai. Tour de Saint-Pierre ; le sommet .	85,1	
Sol	23,9	
Dunkerque. Tour des pavillons ; base du toit des tourelles	61,6	
Sol	7,7	
Hazebrouck. Sommet de la flèche. . . .	90,7	
Sol	17,8	

DÉSIGNATION DES REPÈRES.	ÉLÉVA-TION au-dessus de la mer.	Obser-vations.
Nord (Suite).		
Avesnes. Sommet de la tour de l'église . .	230,2	
Sol	182,8	
Cambrai. Tour de Saint-Géry; sommet de la boule	133,0	
Sol	53,4	
Valenciennes. Sommet du beffroi. . . .	80,4	
Sol	25,8	
Oise.		
BEAUVAIS. Clocher de Saint-Pierre; le faîte de l'église	130,9	
Sol	70,7	
Clermont. Sommet du clocher	160,6	
Sol	118,8	
Compiègne. Sommet du clocher de Saint-Jacques	91,0	
Pavé de l'église	47,9	
Senlis. La boule du clocher.	154,7	
Sol	74,9	
Orne.		
ALENÇON. Sommet du clocher de N.-Dame.	179,4	
Sol	136,0	
Argentan. Sommet de la grosse boule du clocher de Saint-Germain	215,1	
Pavé de la rue	166,2	
Domfront. Sommet de la lanterne du clocher de Saint-Julien	240,3	
Sol	215,0	
Mortagne. Sommet de la coupole supérieure de la tour	301,3	
Repère tracé au-dessus de la porte de la tour	258,8	

DÉSIGNATION DES REPÈRES.	ÉLÉVA-TION au-dessus de la mer.	Obser-vations.
Pas-de-Calais.		
ARRAS. Pied du lion du beffroi	141,0	
Sol	66,6	
Béthune. Sommet du clocher de Saint-Vast.	82,4	
Pavé de l'église	32,4	
Saint-Omer. Pied de l'échelle du télégraphe	72,6	
Seuil de la porte principale de l'église . .	23,0	
Saint-Pol	»	
Boulogne. Plate-forme supérieure de la tour à galerie de la ville haute	91,8	
Sol	58,2	
Montreuil. Sommet du toit du beffroi . .	82,9	
Sol	48,6	
Puy-de-Dome.		
CLERMONT-FERRAND. Sommet de la plus grosse des deux boules qui surmontent la coupole de la cathédrale	466,7	
Sol	407,2	
Ambert. Clocher ; base du toit de la tourelle	576,4	
Sol	531,2	
Issoire. Clocher	435,1	
Sol	399,2	
Riom. Clocher de Saint-Amable	401,6	
Sol	357,6	
Thiers. Tour de l'ancienne prison. . . .	425,3	
Sol	399,9	
Pyrénées (Basses).		
PAU. Escalier de la tour du château . . .	234,7	
Pied de la tour, du côté de l'est	205,2	
Oléron	»	
Orthez	»	

DÉSIGNATION DES REPÈRES.	ÉLÉVA-TION au-dessus de la mer.	Obser-vations.
Pyrénées (Basses) (Suite).		
Bayonne. Sommet du clocher de la cathédrale.	61,3	
Sol de la nef.	11,5	
Mauléon	»	
Pyrénées (Hautes).		
Tarbes. Clocher des Carmes	356,3	
Sol	311,5	
Argelez.	»	
Bagnères	»	
Pyrénées-Orientales.		
Perpignan. Sommet du tourillon N.-O. de Saint-Jacques	72,5	
Pavé de l'entrée du porche de l'église. . .	41,8	
Ceret	»	
Prades. Sommet du clocher principal . .	350,0	
Face supérieure de la première assise de la retraite des fondations	314,4	
Rhin (Bas).		
Strasbourg. Sommet de la flèche de la cathédrale.	286,2	
Pavé de l'église	144,1	
Saverne. Sommet de la pyramide quadrangulaire du gros clocher	240,5	
Seuil de la porte d'entrée	205,8	
Schelestadt. La balustrade de la cathédrale.	230,2	
Sol	172,2	
Weissembourg. Eglise	»	
Sol	164,0	

DÉSIGNATION DES REPÈRES.	ÉLÉVA-TION au-dessus de lamer.	Obser-vations.
Rhin (Haut).		
COLMAR. Clocher de la cathédrale; base de la lanterne	251,3	
Sol	195,1	
Altkirck. Sommet du signal	384,9	
Sol	381,0	
Belfort. Angle occidental de la citadelle; le sommet	428,6	
Sol	418,9	
Parvis de l'église	363,9	
Rhône.		
LYON. Milieu de la boule de Notre-Dame-de-Fourvières	322,2	
Sol naturel.	295,1	
Villefranche. Sommet du clocher situé au-dessus de la porte d'entrée de l'église principale	212,0	
Parvis de l'église.	182,5	
Saône (Haute).		
VESOUL. Sommet du clocher du collége . .	257,6	
Sol du pied de l'escalier du clocher . . .	234,9	
Gray. Sommet de la calotte de la lanterne supérieure du clocher.	266,6	
Sol de l'église.	220,4	
Lure. Sommet de la croupe méridionale de la sous-préfecture	315,4	
Seuil de la porte de la cave, à l'extrémité sud de la face principale	294,4	
Saône-et-Loire.		
MACON. Sommet de la tour de Saint-Vincent	229,4	
Sol	184,5	
Autun. Sommet du clocher de la cathédrale.	456,3	
Pavé de la grande nef de l'église	379,1	

6

DÉSIGNATION DES REPÈRES.	ÉLÉVA- TION au-dessus de la mer.	Obser- vations.
Saône-et-Loire (Suite).		
Charolles. Tour du château.	328,0	
Sol de la plate-forme sur laquelle est élevée la tour	302,1	
Châlons-sur-Saône. Sommet de la boule du clocher de Saint-Pierre	228,3	
Sol	178,4	
Louhans. Sommet de la boule du clocher .	223,6	
Seuil de la porte d'entrée de l'église . . .	181,5	
Sarthe.		
LE MANS. Tour de Saint-Julien ; le pied de la croix	136,6	
Sol	76,5	
Mamers. Sommet du clocher de Saint-Nicolas.	162,0	
Sol	128,8	
Saint-Calais. Sommet du clocher. . . .	150,9	
Sol	103,0	
La Flèche. Tour de l'horloge de l'école milit.	79,0	
Pavé du rez-de-chaussée	32,7	
Seine.		
PARIS. Sommet de la lanterne du Panthéon.	143,9	
Pavé intérieur.	60,6	
Saint-Denis. Boule de la flèche	119,5	
Pavé de l'église	33,1	
Sceaux. Sommet du clocher	118,0	
Seuil de la grande porte de l'église . . .	97,7	
Seine-et-Marne.		
MELUN. La boule du clocher de Saint-Barthélemy.	102,6	
Sol	69,8	

DÉSIGNATION DES REPÈRES.	ÉLÉVA-TION au-dessus de la mer.	Obser-vations.
Seine-et-Marne (Suite).		
Fontainebleau. Eglise	»	
Sol de l'obélisque au rond-point, au sud de la ville	79,0	
Meaux. Sommet du clocheton opposé à celui par lequel on entre sur la tour de la cathédrale.	125,2	
Sol	58,2	
Coulommiers. Eglise.	»	
Prairie contiguë	70,0	
Provins. Balustrade de la lanterne du clocher de Saint-Quiriace	182,0	
Sol	136,1	
Seine-et-Oise.		
VERSAILLES. Boule du clocher de Saint-Louis	183,6	
Première marche du parvis dans l'axe de l'église	123,0	
Mantes. Sommet de la tourelle de la tour occidentale de la cathédrale.	93,1	
Parvis de l'église	59,1	
Rambouillet. Sommet du moulin de Rambouillet	181,8	
Sol	169,0	
Corbeil. Clocher de Saint-Spire	78,0	
Pavé devant la porte principale de l'église.	36,6	
Pontoise. Sommet de la lanterne du clocher.	93,8	
Sol	48,8	
Étampes. Télégraphe; le sommet. . . .	146,4	
Sol de la façade nord du bâtiment. . . .	133,6	
Seine-Inférieure.		
ROUEN. Sommet de la flèche de la cathédrale	97,8	
Pied de la tour septentrionale de la façade.	21,6	

DÉSIGNATION DES REPÈRES.	ÉLÉVA-TION au-dessus de la mer.	Obser-vations.
Seine-Inférieure (Suite).		
Dieppe	»	
Le Hâvre. Sommet du clocher.	41,5	
Dalles de la porte principale de l'église . .	4,8	
Yvetot. Sommet de la flèche	187,9	
Sol	152,0	
Neufchâtel. Sommet du clocher	139,3	
Sol	92,2	
Sèvres (Deux).		
Niort. Clocher de Notre-Dame; sommet .	104,3	
Sol	29,2	
Bressuire. Sommet du clocher.	240,5	
Sol	184,7	
Melle. Le collége; faîte de la petite coupole.	157,7	
Sol de la cour.	139,1	
Parthenay. Sommet du clocher de Saint-Laurent.	201,4	
Sol	172,2	
Somme.		
Amiens. Pied de la croix de la flèche de la cathédrale	135,7	
Sol	36,0	
Doullens. Milieu du pont de l'Authie, à l'entrée de la ville	»	
Prairie adjacente.	60,0	
Montdidier. Clocher; sommet de la lanterne	139,2	
Sol	98,4	
Péronne. Sommet du clocher de la paroisse.	94,2	
Dalles de l'église	53,5	
Abbeville. Clocher de Notre-Dame, près d'Abbeville.	61,6	
Pavé de l'église	22,4	

DÉSIGNATION DES REPÈRES.	ÉLÉVA-TION au-dessus de la mer.	*Obser-vations.*
Tarn.		
ALBY. Tourelle ou clocheton de la cathédrale ; le sommet	243,5	
Sol	169,0	
Castres. Clocher de la cathédrale	205,2	
Sol	170,8	
Gaillac.	»	
Lavaur.	»	
Tarn-et-Garonne.		
MONTAUBAN. Sommet du clocher de l'église Saint-Jacques	149,9	
Place des Oules au N. de l'édifice	97,1	
Moissac	»	
Castel-Sarrazin. Clocheton sur une tour carrée	109,7	
Sol	87,3	
Var.		
DRAGUIGNAN	»	
Brignoles	»	
Grasse	»	
Toulon. Angle S. E. de la cale couverte E .	22,1	
Mer moyenne.	0,00	
Vaucluse.		
AVIGNON	»	
Carpentras. Sommet de la grande tour carrée	138,1	
Pied de la tour du côté du nord	111,7	
Apt	»	
Orange. Pied de l'échelle du télégraphe. .	110,8	
Sol de la plate-forme sur laquelle est établi le télégraphe	104,6	

DÉSIGNATION DES REPÈRES.	ÉLÉVA-TION au-dessus de la mer.	Obser-vations.
Vendée.		
Bourbon-Vendée. Tour N. de l'église; sommet de la balustrade	104,6	
Sol	72,7	
Fontenai. Sommet du clocher de N.-Dame.	101,7	
Sol	22,8	
Les Sables-d'Olonne. Clocher	45,9	
Sol	6,2	
Vienne.		
Poitiers. Sommet du clocher de Saint-Porchaire	147,1	
Sol	118,0	
Chatellerault. Clocher de Saint-Jacques. .	89,0	
Sol	54,8	
Civray (Lune de).	»	
Sol	144,6	
Loudun. Sommet de la flèche en pierre. .	155,5	
Sol	109,9	
Montmorillon. Clocher du séminaire . .	161,3	
Sol	127,0	
Vienne (Haute).		
Limoges. Sommet de l'église de Saint-Michel-des-Lions	342,1	
Pavé de l'église	287,0	
Saint-Yrieix. Sommet du clocher. . . .	396,3	
Sol	358,3	
Bellac. Girouette N. d'une brasserie . . .	253,7	
Sol	242,0	
Rochechouart. Clocher; sommet	284,0	
Sol	241,6	

DÉSIGNATION DES REPÈRES.	ÉLÉVA-TION au-dessus de la mer.	Obser-vations.
Vosges.		
Épinal. Centre de la boule du clocher de l'hôpital.	365,8	
Sol intérieur de l'église	341,5	
Mirecourt. Boule de la flèche	324,7	
Sol de l'arcade avant la porte d'entrée . .	279,5	
Neufchâteau. Boule du clocher de St-Nicolas.	347,2	
Sol du parvis, à l'aplomb de la clef de la porte d'entrée	305,8	
Remiremont. Boule du clocher.	457,7	
Sol de l'église.	403,4	
Saint-Dié. Boule du clocher de Saint-Martin	394,3	
Sol de l'église, à l'aplomb de la boule . .	342,8	
Yonne.		
Auxerre. Sommet de la petite coupole sur la tour de Saint-Etienne.	190,2	
Sol	122,0	
Avallon. Centre de la boule du clocher . .	304,5	
Sol	262,7	
Joigny. Sommet du clocher de Saint-Jean .	146,4	
Sol	116,7	
Sens. Sommet de la tour de la cathédrale. .	148,7	
Sol	76,4	
Tonnerre. Clocher ; sommet de la coupole de Saint-Pierre	219,8	
Pavé de l'église	179,2	

2e *Table.*

REPÈRES DES CHEMINS DE FER DU GARD.

DÉSIGNATION DES REPÈRES.	ÉLÉVA-TION au-dessus de la mer.	Obser-vations.
De la Grand'Combe à Alais.		
Ligne de la Levade.		
Dessus de la grosse pile du pont Mourier. .	203,974	
Caserne Marcoux, à la Tronche; seuil de la porte N.º 1	203,164	
Dessus du pont de la Tronche	201,830	
Borne fin de pente sur le pont de la Tronche	202,266	Le socle.
Rails à ce point	202,075	
Borne kilométrique 64,800.	202,297	
Rails à ce point	201,784	
Borne de pente; le socle.	201,708	
Rails à ce point	201,658	
Borne 64,600	201,135	
Rails à ce point	200,597	
Borne 64,400	199,906	
Rails à ce point	199,387	
Pontceau du vallat du Baron	198,686	Le dessus.
Borne de pente	198,735	
Rails à ce point	198,816	
Seuil de la porte de la maison André . . .	198,231	Au Baron.
Borne 64,200	199,077	
Rails à ce point	198,553	
Pont de Trescol, parapet de droite . . .	198,167	
Borne de pente vis-à-vis le château . . .	198,058	De Trescol.
Rails à ce point	198,047	
Borne 64,000	198,420	
Rails à ce point	197,902	

Suite de la 2ᵉ Table.

DÉSIGNATION DES REPÈRES.	ÉLÉVA-TION au-dessus de la mer.	Obser-vations.
2ᵐᵉ pont de Trescol, près le passage de niveau	197,353	Sur le parapet de droite.
Croix de Trescol	198,453	Il est possible qu'elle soit reconstruite.
Borne kilométrique 63,800.	197,346	
Rails à ce point	196,818	
Seuil de la porte de la maison Boudon . .	197,818	
Borne 63,600	196,340	
Rails à ce point	195,803	
Borne 63,400	195,268	
Rails à ce point	194,765	
Dessus du pontceau du Rocher-Suspendu .	193,353	
Borne 63,200	193,344	
Rails à ce point	192,828	
Borne 63,000	193,246	
Rails à ce point	192,713	
Borne 62,800	192,303	
Rails à ce point	191,779	
Pont du Gouffre ; couronnement	191,654	A droite.
Pont biais de Salavert ; idem	191,140	A gauche.
Borne 62,600	191,313	
Rails à ce point	190,792	
Borne 62,400	190,218	
Rails à ce point	189,690	
Borne 62,200	189,373	
Rails à ce point	188,810	
Croix de la Clède	188,042	
Borne 62,000	188,258	
Pont de la Clède, parapet amont	187,393	Côté gauche.
Borne 61,800	187,405	
Rails à ce point	186,867	°
Seuil de la porte nord de l'entrepôt des marchandises à la Pize.	186,461	

Suite de la 2ᵉ Table.

DÉSIGNATION DES REPÈRES.	ÉLÉVA-TION au-dessus de la mer.	Obser-vations.
Seuil de la porte du milieu de la construction Marcoux , dite Hôtel-des-Mines . . .	187,099	
Borne kilométrique 61,600.	186,475	
Rails à ce point	185,921	
Borne fin de pente près la bifurcation des rails de la Grand'Combe et de la Levade.	185,913	Le socle.
Rails à ce point	185,863	

5ᵉ *Table.*

REPÈRES DES CHEMINS DE FER DU GARD.

DÉSIGNATION DES REPÈRES.	ÉLÉVA-TION au-dessus de lamer.	*Obser-vations.*
De la Grand'Combe à Alais.		Voir Planche 12.
Ligne de Rothschild à la Pize.		
	m	
Entrée de la mine Rothschild	281,170	
Sommet des plans inclinés	274,060	
Pied du plan incliné, viaduc d'Abylon . .	217,170	
Fin du palier, pente de 0ᵐ06; naissance du grand mur d'Abylon, sommet du 2ᵐᵉ plan	215,700	
Pied du second plan incliné ; naissance de la pente de 0ᵐ15	197,100	
Fin de la pente de 0ᵐ15 sur le viaduc de la Calquière	191,340	
Naissance de la pente de 0ᵐ12 aval du viaduc de la Calquière.	190,860	6o mètres après le point 191,34o.
Socle amont et côté droit du pont des Ribes.	184,177	

4ᵉ *Table.*

REPÈRES DES CHEMINS DE FER DU GARD.

DÉSIGNATION DES REPÈRES.	ÉLÉVA-TION au-dessus de la mer.	Obser-vations.
De la Grand'Combe à Alais.		Voir Planche 12. Ces repères sont rapportés au 1ᵉʳ zéro pris à Aigues-Mortes et au zéro pris à Bouc.
Ligne de la Pize à Alais.		Pour connaître leurs rapports avec ceux pris pour les diverses tables, voir Planche 12.
	m	
Parapet de droite; guinguette Blazin. . .	185,545	
Borne kilométrique 61,400.	185,250	
Rails à ce point	184,875	
Socle amont et de droite du pilastre; naissance du socle du pont des Ribes . . .	184,177	
Borne 61,200.	184,352	
Rails à ce point	183,872	
Borne de pente, remblais des Ribes . . .	183,696	
Rails à ce point	183,588	
Parapet de droite du pont du remblais des Ribes	182,943	
Borne 61,000.	183,315	
Rails à ce point	182,814	
Borne de pente, tranchée Chapon. . . .	182 691	
Rails à ce point	182,695	
Borne de pente à l'aval de la première . .	182,253	Tranchée Chapon.
Rails à ce point	182,305	
Borne de pente aval des deux ci-dessus . .	181,959	
Borne 60,800.	182,365	
Rail entrée amont du tunnel	181,483	Au Fesch.
Borne 60,600.	181,301	
Rails à ce point	180,782	
Rail aval du tunnel	180,685	
Maison de garde du Fesch; le seuil . . .	180,708	

Suite de la 4ᵉ Table.

DÉSIGNATION DES REPÈRES.	ÉLÉVATION au-dessus de la mer.	Observations.
Borne kilométrique 60,400.	180,302	
Pont du Fesch.	179,684	
Borne 60,200	179,343	
Rails à ce point	178,801	
Borne 60,000	178,395	
Rails à ce point	177,844	
Borne 59,800 . . . . , ...	177,354	
Rails à ce point	176,816	
Parapet de droite et amont du pont de Lascours.	177,628	
Borne 59,600	176,480	
Rails à ce point	175,929	
Pontceau du Mazel	175,476	A droite.
Borne 59,400	175,339	
Rails à ce point	174,846	
Borne 59,200	174,465	
Rails à ce point	173,907	
Borne 59,000	173,406	
Rails à ce point	172,856	
Borne 58,800	172,351	
Rails à ce point	171,808	
Borne 58,600	171,361	
Rails à ce point	170,847	
Borne 58,400	170,416	
Rails à ce point	169,878	
Parapet de droite du pontceau de la Rouvière	169,324	
Borne 58,200	169,343	
Rails à ce point	168,791	
Maison du garde à Malbosque; seuil de la porte	168,127	
Borne 58,000	168,304	
Rails à ce point	167,798	
Borne de pente	167,321	
Rails à ce point	167,396	

Suite de la 4ᵉ Table.

DÉSIGNATION DES REPÈRES.	ÉLÉVA-TION au-dessus de la mer.	Obser-vations.
Borne kilométrique 57,800.	167,495	
Rails à ce point	166,955	
Parapet du pontceau de Malbosque . . .	166,016	A droite.
Borne 57,600.	166,725	
Bails à ce point	166,188	
Borne 57,400	165,608	
Rails à ce point	165,320	
Parapet de gauche du pont du Gourd-du-Peyrol	164,636	
Borne 57,200	165,049	
Rails à ce point	164,551	
Borne 57,000	164,340	
Rails à ce point	163,807	
Seuil de la maison du garde de Lescoussas .	163,972	
Pont de Sabatelle.	163,270	
Borne 56,800	163,499	
Rails à ce point	162,979	
Borne 56,600	162,729	
Rails à ce point	162,199	
Borne 56,400	161,886	
Rails à ce point	161,343	
Borne 56,200	161,016	
Rails à ce point	160,509	
Borne 56,000	160,292	
Rails à ce point	159,765	
Borne 55,800	159,435	
Rails à ce point	158,911	
Borne 55,600	158,590	
Rails à ce point	158,094	
Pont Valoubière	157,430	
Borne 55,400	157,819	
Rails à ce point	157,325	
Borne 55,200	156,998	

Suite de la 4ᵉ Table.

DÉSIGNATION DES REPÈRES.	ÉLÉVA-TION au-dessus de la mer.	Obser-vations.
Rails à ce point	156,498	
Borne kilométrique 55,000.	156,152	
Rails à ce point	155,655	
Pont de la Vabreille, près la tranchée . .	155,133	
Seuil de la guérite en maçonnerie amont de la tranchée Deleuze	155,503	
Borne 54,800	155,490	
Rails à ce point	154,952	
Seuil de la porte de la maison du poseur, tranchée Deleuze	157,976	
Borne 54,600	154,086	
Rails à ce point	154,600	
Borne 54,400	153,865	
Rails à ce point	153,328	
Borne 54,200	152,991	
Rails à ce point	152,463	
Repère sur les murs de Mercoulis , à droite.	151,794	
Borne fin de pente en face de Mercoulis. .	151,756	
Rails à ce point , ...	151,800	
Borne 54,000	152,324	
Borne 53,800	151,625	
Rails à ce point	151,121	
Socle droit et amont du pont du mas Clauzel	150,615	
Borne 53,600	151,051	
Rails à ce point	150,544	
Borne 53,400	150,463	
Rails à ce point	149,942	
Borne 53,200	149,892	
Rails à ce point	149,375	
Seuil de la maison du garde à la Coste. . .	149,550	
Rails à ce point	149,184	
Borne 53,000	149,201	
Rails à ce point	148,685	

Suite de la 4ᵉ Table.

DÉSIGNATION DES REPÈRES.	ÉLÉVA-TION au-dessus de la mer.	Obser-vations.
Borne kilométrique 52,800	148,659	
Rails à ce point	148,087	
Borne 52,600	148,090	
Rails à ce point	147,555	
Ponteeau dit de la Fare.	147,351	
Borne fin de pente, tranchée du Soulier. .	147,177	
Rails à ce point	147,114	
Borne 52,400	147,515	
Rails à ce point	146,965	
Borne 52,200	146,630	
Rails à ce point	146,111	
Borne fin de pente vis-à-vis le Soulier . .	145,533	
Rails à ce point	145,561	
Borne 52,000	145,931	
Rails à ce point	145,372	
Borne 51,800	145,266	
Rails à ce point	144,725	
Borne 51,600	144,561	
Rails à ce point	143,993	
Borne 51,400	143,864	
Rails à ce point	143,280	
Borne fin de pente près le pont suspendu. .	142,212	Usines d'Alais.
Rails à ce point	142,151	
Borne 51,200	143,163	
Rails à ce point	142,589	
Corniche amont du pont suspendu. . . .	142,714	
Borne 51,000	142,460	
Rails à ce point	141,920	
Seuil de la petite porte en fer donnant du chemin de fer aux bureaux de l'adminis-tration des usines d'Alais	141,731	Tamaris.
Rails vis-à-vis la station à eau.	141,596	Tamaris.
1ʳᵉ marche de l'escalier du pavillon amont .	139,517	Caserne Olivier à Tamaris

Suite de la 4ᵉ Table.

DÉSIGNATION DES REPÈRES.	ÉLÉVA-TION au-dessus de la mer.	Obser-vations.
Seuil de la grande porte de droite près le jambage gauche	141,456	Atelier des locomotives à Tamaris.
Borne kilométrique 50,600.	141,641	
Rails à ce point	141,126	
Borne 50,400	140,080	
Rails à ce point	140,515	
Borne de pente, butte Thibaud	140,359	
Rails à ce point	140,411	
Seuil de la maison du garde.	140,924	Butte Thibaud.
Borne 50,200	140,628	
Rails à ce point	140,092	
Borne 50,000	139,989	
Rails à ce point	139,460	
Borne de pente	139,291	
Rails à ce point	139,325	
Borne 49,800	139,302	
Rails à ce point	138,762	
Borne 49,600	138,553	
Rails à ce point	138,029	
Borne 49,400	137,985	
Rails à ce point	137,416	
Borne 49,200	137,297	
Rails à ce point	136,757	
Borne 49,000	136,603	
Rails à ce point	136,017	
Borne 48,800; les rails.	135,543	Cette borne a été enlevée pour faciliter la construction du pont de M. Pellerin.
Socle de droite, angle nord du pont du Cimetière	135,482	Ce pont est aujourd'hui enveloppé par les maçonneries du tunnel Pellerin ; néanmoins le socle a été conservé.

Suite de la 4ᵉ Table.

DÉSIGNATION. DES REPÈRES.	ÉLÉVA-TION au-dessus de la mer.	Obser-vations.
Borne kilométrique 48,600; ligne des mines.	135,851	
Rails à ce point	135,454	Station d'Alais.

Nous donnons les rails vis-à-vis les points de repères, pour aider à les reconnaître. Autrement les rails sont très-variables, suivant l'état d'entretien de la ligne.

Des repères de pose sont cependant établis et rapprochés, pour éviter que le chef-poseur puisse faire erreur.

5e *Table.*

REPÈRES DE LA LIGNE DE CHEMIN DE FER D'ALAIS A NISMES.

DÉSIGNATION DES REPÈRES.	ÉLÉVA-TION au-dessus de la mer.	Obser-vations.
		Voir Planche 12.
Seuil du local anciennement destiné aux voyageurs	m 136,975	Porte donnant sur la station.
1re borne kilométrique fin de ligne 48,864, placée à l'extrémité du débarcadère . .	137,076	Alais.
Rails à ce point.	135,859	
Plaques tournantes	135,807	La couronne eu maçonnerie.
Angle nord-est de la bascule d'Alais; les pierres d'encadrement	135,795	
Pilastre de la porte ogive de la station à eau	136,138	
Rails passage de niveau dit Marette . . .	135,720	
Seuil du portail Marette	135,639	
Borne 48,600, ligne d'Alais	136,034	
Rails à ce point	135,454	
Seuil de la maisonnette du passage de niveau	135,220	Cette guérite peut être démolie au premier jour.
Borne fin de pente	135,126	
Rails à ce point	135,178	
Borne 48,400	135,413	
Rails à ce point	134,964	
Borne 48,200	134,862	
Rails à ce point	134,458	
Borne fin de pente	133,997	
Rails à ce point	134,055	
Dessus de la clef du pont du mas Roux . .	133,928	
Borne 48,000	134,331	
Rails à ce point	133,796	
Seuil du portail Granier.	129,157	
Borne 47,800	133,271	
Rails à ce point	132,802	

Suite de la 5ᵉ Table.

DÉSIGNATION DES REPÈRES.	ÉLÉVA-TION au-dessus de la mer.	Obser-vations.
Dessus de la clef du pont Sabatier. . . .	132,110	
Borne kilométrique 47,600.	132,313	
Rails à ce point	131,836	
Borne 47,400	131,451	
Rails à ce point . , ...	130,811	
Borne 47,200	130,279	
Rails à ce point	129,791	
Seuil de l'ancienne guérite en maçonnerie du passage de niveau de la route royale . .	129,209	Elle est adossée amont de la maison Puget, occupée par le garde.
Borne fin de pente	128,902	
Rails à ce point . , ...	128,942	
Borne 47,000	129,385	
Rails à ce point	128,876	
Borne 46,800 . . , ...	128,707	
Rails à ce point	128,159	
Borne 46,600	128,579	
Rails à ce point	127,464	
Seuil du mas d'Hours	125,978	
Borne 46,400	127,165	
Rails à ce point	126,727	
Borne 46,200	127,143	
Rails à ce point	126,063	
Borne 46,000	125,841	
Rails à ce point	125,356	
Borne 45,800	125,079	
Rails à ce point	124,602	
Borne 45,600	124,497	
Rails à ce point	123,902	
Seuil de la petite maison sur la limite de la commune d'Alais	123,895	
Borne 45,400	123,838	
Rails à ce point	123,255	

Suite de la 5ᵉ Table.

DÉSIGNATION DES REPÈRES.	ÉLÉVATION au-dessus de la mer.	Observations.
Seuil de la maison du garde de Larnac . .	123,099	
Borne kilométrique 45,200.	123,041	
Rails à ce point	122,537	
Borne 45,000 . . . ꞏ	122,463	
Rails à ce point	121,829	
Borne 44,800	121,683	
Rails à ce point	121,160	
Seuil de la porte du mas Brugnier. . . .	121,291	
Borne 44,600	120,958	
Rails à ce point	120,458	
Borne 44,400	120,253	
Rails à ce point	119,744	
Borne 44,200	119,534	
Rails à ce point	119,040	
Seuil de la porte de la maison du garde de la ligne	118,415	
Borne 44,000	118,826	
Rails à ce point	118,332	
Borne 43,800	118,150	
Rails à ce point	117,658	
Borne 43,600	117,435	
Rails à ce point	116,937	
Borne 43,400	116,706	
Rails à ce point	116,232	
Borne 43,200	116,086	
Rails à ce point . . . . ,	115,564	
Borne 43,000	115,399	
Rails à ce point	114,897	
Seuil de la porte de la maison du garde . .	115,849	A Saint-Hilaire.
Borne 42,800	114,613	
Rails à ce point	114,122	
Borne fin de pente vis-à-vis le palier. . .	113,677	
Rails à ce point	113,797	

Suite de la 5ᵉ Table.

DÉSIGNATION DES REPÈRES.	ÉLÉVA-TION au-dessus de la mer.	Obser-vations.
Borne kilométrique 42,600.	114,244	
Rails à ce point	113,731	
Borne 42,400	114,166	
Rails à ce point	113,671	
Borne 42,200	114,526	
Rails à ce point	113,628	
Borne de pente	113,672	
Rails à ce point	113,689	
Borne 42,000	113,688	
Rails à ce point	113,191	
Borne de pente	112,628	
Rails à ce point	112,681	
Borne 41,800	112,956	
Rails à ce point	112,456	
Borne 41,600	112,238	
Rails à ce point	111,716	
Borne 41,400	111,570	
Rails à ce point	111,082	
Borne 41,200	110,969	
Rails à ce point	110,395	
Dessus de la clef du viadnc du Cheval-Vert .	110,388	
Socle du pont, tranchée du Cheval-Vert. .	109,336	
Borne 41,000	110,161	
Rails à ce point	109,683	
Borne fin de pente	109,271	
Rails à ce point	109,276	
Borne 40,800	109,601	
Rails à ce point	109,098	
Borne 40,600	109,314	
Rails à ce point . . . . ,	108,753	
Clef côté est du pont de Roumassoux . . .	108,642	Sur le dessus de la clef.
Borne 40,400	108,866	

Suite de la 5ᵉ Table.

DÉSIGNATION DES REPÈRES.	ÉLÉVA-TION au-dessus de la mer.	Obser-vations.
Rails à ce point	108,347	
Dessus de la clef du pont Fontanieux. . .	108,016	
Borne kilométrique 40,200.	108,481	
Rails à ce point	107,980	
Borne fin de pente	107,804	Elle est placée sur un mur.
Rails à ce point	107,700	
Borne 40,000	108,225	
Rails à ce point	107,646	
Borne fin de pente vis-à-vis Roumassoux .	107,444	
Rails à ce point	107,478	
Borne 39,800	108,028	
Rails à ce point	107,345	
Borne 39,600	107,229	
Rails à ce point	106,713	
Borne 39,400	106,566	
Rails à ce point	106,058	
Borne 39,200	105,930	
Rails à ce point	105,386	
Borne 39,000	105,336	
Rails à ce point	104,839	
Borne 38,800	104,702	
Rails à ce point	104,200	
Borne fin de pente	103,900	Presqu'en face du mas des Gardies.
Rails à ce point	103,950	
Borne 38,600	104,230	
Rails à ce point	103,722	
Borne 38,400	103,776	Entre les bornes 38,400 et 38,200, il n'y a, par erreur de chaînage, que 150 mètres au lieu de 200 mètres.
Rails à ce point	103,269	
Borne fin de pente	103,147	
Rails à ce point	103,150	
Borne 38,200	103,404	
Rails à ce point	102,907	

Suite de la 5ᵉ Table.

DÉSIGNATION DES REPÈRES.	ÉLÉVA-TION au-dessus de la mer.	Obser-vations.
Borne kilométrique 38,000.	102,741	
Rails à ce point	102,223	
Borne 37,800	102,166	
Rails à ce point	101,523	
Borne des rails, tranchée du mas du Château	101,463	Le dessus de ces bornes donne celui des rails.
Borne 37,600	101,311	
Rails à ce point	100,831	
Borne fin de pente	100,774	
Rails à ce point	100,808	
Borne 37,400	101,001	
Rails à ce point	100,489	
Borne 37,200	100,883	
Rails à ce point	100,383	
Borne 37,000.	100,695	
Rails à ce point	100,192	
Borne 36,800	100,498	
Rails à ce point	100,002	
Borne 36,600	100,319	
Rails à ce point	99,815	
Borne 36,400	100,121	
Rails à ce point	99,617	
Borne des rails sur le pontceau Barry . .	99,387	
Borne 36,200	99,890	
Rails à ce point	99,393	
Borne 36,000	99,692	
Rails à ce point	99,187	
Borne de rails vis-à-vis celle de pente. . .	99,197	
Borne de pente	99,198	
Borne 35,800	99,300	
Rails à ce point	98,817	
Borne 35,600	98,907	
Rails à ce point	98,379	

Suite de la 5ᵉ Table.

DÉSIGNATION DES REPÈRES.	ÉLÉVA-TION au-dessus de la mer.	Obser-vations.
Seuil de l'ancienne maison du garde . . .	97,430	Station de Veze-nobre.
Borne kilométrique 35,400.	98,525	
Rails à ce point	97,968	
Borne 35,200	98,257	
Rails à ce point	97,672	
Borne 35,000	97,636	
Rails à ce point	97,202	
Borne fin de pente	97,168	
Rails à ce point	97,159	
Borne 34,800	97,347	
Rails à ce point	96,764	
Seuil de la maison du garde.	97,997	A la Berlande.
Borne 34,600	96,833	
Rails à ce point	96,227	
Borne 34,400	96,303	
Rails à ce point	95,723	
Borne de rails , la 4ᵉ dans le tunnel en en-trant du côté amont	95,693	Ners.
Borne de rails , la 5ᵉ *idem.*	95,946	
Borne de rails à l'entrée aval du tunnel . .	94,972	
Borne 34,000	95,274	
Rails à ce point	94,751	
Borne 33,800	94,799	
Rails à ce point	94,291	
Borne de pente , plaine de Ners	93,942	
Rails à ce point	94,120	
Borne 33,600	94,505	
Rails à ce point	93,987	
Borne 33,400	94,456	
Rails à ce point	93,905	
Parapet du pont de Ners.	94,529	
Borne 33,200	94,445	
Rails à ce point	93,936	

9

Suite de la 5ᵉ Table.

DÉSIGNATION DES REPÈRES.	ÉLÉVA-TION au-dessus de la mer.	Obser-vations.
Borne de pente sur le pont de Ners	94,028	
Rails à ce point	93,837	
Seuil de la porte de l'ancien logement du garde de Ners	93,467	La plus rappro-chée du pont.
Borne 33,000	94,153	
Rails à ce point	93,641	
Borne 32,800	93,272	
Rails à ce point	92,761	
Borne 32,600	92,368	
Rails à ce point	91,830	
Borne 32,400	91,320	
Rails à ce point	90,812	
Borne 32,200	90,536	
Rails à ce point	90,018	
Seuil de l'ancienne petite maison	89,791	Passage de niveau de la route royale à Lavol.
Borne 32,000	89,616	
Rails à ce point	89,104	
Seuil de la maison du garde.	88,854	A Lavol.
Borne 31,800	89,005	
Rails à ce point	88,488	
Borne 31,600	88,396	
Rails à ce point	87,858	
Borne 31,400	87,750	
Rails à ce point	87,253	
Borne fin de pente	87,096	
Rails à ce point	87,092	
Ancienne borne-repère N.º 120	86,662	
Borne 31,200	87,064	
Rails à ce point	86,583	
Ancienne borne-repère N.º 119	87,775	
Borne 31,000	86,361	
Rails à ce point	85,875	

Suite de la 5ᵉ Table.

DÉSIGNATION DES REPÈRES.	ÉLÉVA-TION au-dessus de la mer.	*Obser-vations.*
Seuil de la porte de la maison du garde. .	86,674	A l'église.
Borne kilométrique 30,800.	85,743	
Rails à ce point	85,183	
Ancienne borne-repère N.º 117	84,491	
Borne 30,600	84,999	
Rails à ce point	84,482	
Borne 30,400	84,289	
Rails à ce point	83,744	
Borne de pente	83,625	
Rails à ce point	83,566	
Borne 30,200	83,724	
Rails à ce point	83,128	
Borne 30,000	83,134	
Rails à ce point	82,571	
Borne 29,800	82,521	
Rails à ce point	81,974	
Borne fin de pente	81,515	Entrée aval du tunnel de Boucoiran.
Rails à ce point	81,556	
Borne 29,600	82,043	
Rails à ce point	81,453	
Borne 29,400	81,649	
Rails à ce point	81,116	
Seuil de la maison du garde	81,026	Boucoiran.
Borne 29,200	81,397	
Rails à ce point	80,843	
Borne 29,000	80,965	
Rails à ce point	80,531	
Ancienne borne-repère N.º 110	78,696	
Borne 28,800	80,712	
Rails à ce point	80,181	
Ancienne borne-repère N.º 109	78,030	
Borne 28,600	80,364	
Rails à ce point	79,881	

Suite de la 5ᵉ Table.

DÉSIGNATION DES REPÈRES.	ÉLÉVATION au-dessus de la mer.	Observations.
Borne kilométrique 28,400.	80,206	
Rails à ce point	79,604	
Borne 28,200	79,888	
Rails à ce point	79,281	
Borne 28,000	79,595	
Rails à ce point	79,006	
Borne 27,800	79,232	
Rails à ce point	78,699	
Borne 27,600	78,896	
Rails à ce point	78,408	
Borne 27,400	78,435	
Rails à ce point	78,111	
Borne 27,200	78,286	
Rails à ce point	77,797	
Seuil de la porte de la station à eau . . .	77,832	Nozières.
Borne 27,000	78,069	Sur la tête.
Rails à ce point	77,582	
Seuil de la maison du garde	78,064	Nozières.
Ancienne borne-repère N.° 103	75,552	
Borne 26,800	77,306	Sur la retraite.
Rails à ce point	77,274	
Borne de pente	77,283	Sur le socle.
Rails à ce point	77,269	
Borne 26,600	78,144	Sur la tête.
Rails à ce point	77,607	
Borne 26,400	78,201	Sur la retraite.
Rails à ce point	78,261	
Borne 26,200	79,511	Sur la tête.
Rails à ce point	78,901	
Borne 26,000	80,030	Idem.
Rails à ce point	79,448	
Ancienne borne-repère N.° 98. . . .	75,517	
Borne 25,800	80,930	Idem.

Suite de la 5ᵉ Table.

DÉSIGNATION DES REPÈRES.	ÉLÉVA-TION au-dessus de la mer.	Obser-vations.
Rails à ce point	80,450	
Borne kilométrique 25,600.	81,096	Sur la retraite.
Rails à ce point	81,092	
Borne 25,400	81,722	*Idem.*
Rails à ce point	81,730	
Borne 25,200	82,339	*Idem.*
Rails à ce point	82,405	
Ancienne borne-repère N.º 94.	86,022	
Borne 24,800	83,826	Au pied de la borne sur une pierre gravée au marteau.
Rails à ce point	83,913	
Borne 24,600	84,634	Sur la retraite.
Rails à ce point	84,593	
Borne 24,400	85,833	Sur la tête.
Rails à ce point	85,254	
Borne 24,200	86,086	Sur la retraite.
Rails à ce point	85,964	
Borne 24,000	86,758	*Idem.*
Rails à ce point	86,657	
Borne 23,800	87,344	*Idem.*
Rails à ce point	87,340	
Seuil de la maison du garde	88,175	Saint Géniès.
Ancienne borne-repère N.º 89.	88,148	
Borne 23,600	88,085	Sur la retraite ou socle.
Rails à ce point	88,044	
Borne 23,400	88,637	*Idem.*
Rails à ce point	88,649	
Borne 23,200	89,470	*Idem.*
Rails à ce point	89,389	
Borne 23,000	90,600	Sur la tête.
Rails à ce point	90,048	
Ancienne borne-repère N.º 86.	91,177	

Suite de la 5ᵉ Table.

DÉSIGNATION DES REPÈRES.	ÉLÉVA-TION au-dessus de la mer.	Obser-vations.
Borne kilométrique 22,800.	91,538	Sur la tête.
Rails à ce point	90,958	
Borne 22,600	92,118	Idem.
Rails à ce point	91,518	
Borne 22,400	92,552	Idem.
Rails à ce point	92,199	
Borne 22,200	93,569	Idem.
Rails à ce point	92,892	
Borne 22,000	94,072	
Rails à ce point	93,516	Idem.
Borne 21,800	94,751	
Rails à ce point	94,231	
Ancienne borne-repère N.º 81.	94,846	
Borne 21,600	94,931	Sur la retraite.
Rails à ce point	94,931	
Borne 21,400	96,006	
Rails à ce point	95,649	
Borne 21,200	96,350	Idem.
Rails à ce point	96,359	
Borne 21,000	97,529	Sur la tête.
Rails à ce point	97,097	
Empâtement des fondations du pont de la Rouvière, sur une pierre marquée au marteau	96,910	
Borne 20,800	97,842	Sur la retraite.
Rails à ce point	97,787	
Ancienne borne-repère N.º 77.	98,116	
Borne de pente	98,314	Idem.
Borne 20,600	98,424	Idem.
Rails à ce point	98,388	
Borne 20,400	98,606	Idem.
Rails à ce point	98,608	
Borne 20,200	98,758	Idem.

Suite de la 5ᵉ Table.

DÉSIGNATION DES REPÈRES.	ÉLÉVA-TION au-dessus de la mer.	Obser-vations.
Rails à ce point	98,808	
Ancienne borne-repère N.º 75.	98,849	
Borne kilométrique 20,000.	99,527	Sur la tête.
Rails à ce point	99,003	
Ancienne borne-repère N.º 74.	99,132	
Borne 19,800	99,204	Sur la retraite.
Rails à ce point	99,200	
Borne de pente sur la retraite	99,243	Fons.
Borne 19,600	100,033	Sur la tête.
Rails à ce point	99,593	
Borne 19,400	100,348	*Idem.*
Rails à ce point	99,862	
Borne de pente	99,972	Sous le pont de la barraque de Fons.
Rails à ce point	99,972	
Dessus de la 2ᵉ pierre d'angle côté droit et amont	100,543	Pont de la barraque de Fons.
Borne 19,200	100,313	Sur la tête.
Rails à ce point	99,772	
Borne 19,000	100,035	*Idem.*
Rails à ce point	99,535	
Seuil de la maison du garde	99,544	Fons.
Borne de pente	99,310	Vis-à-vis la maison du garde.
Borne 18,800	99,260	Sur la retraite.
Rails à ce point	99,242	
Borne 18,600	99,730	Sur la tête.
Rails à ce point	99,182	
Borne 18,400	99,638	*Idem.*
Rails à ce point	99,139	
Borne 18,200	99,287	Sur le pont de la route royale.
Rails à ce point	99,220	

Suite de la 5e Table.

DÉSIGNATION DES REPÈRES.	ÉLÉVA-TION au-dessus de la mer.	Obser-vations.
Plinthe du côté gauche, près la borne kilo-métrique	99,406	Pont donnant passage à la route d'Anduze.
Borne kilométrique 18,000.	99,604	Sur la retraite.
Rails à ce point	99,587	
Borne 17,800	100,552	Sur la tête.
Borne de pente.	99,762	
Rails à ce point	100,018	
Sur le plinthe près la pompe	100,294	Viaduc de Gajan.
Idem à côté de la borne 17,600.	101,199	*Idem.*
Rails à ce point	100,969	
Borne 17,400	102,787	Sur la tête.
Rails à ce point	102,187	
Borne 17,200	103,930	*Idem.*
Rails à ce point	103,377	
Dessus de la 1re pierre de taille du jambage de gauche aval du tunnel	103,342	Tunnel de Gajan.
Borne 17,000	105,117	Sur la tête.
Rails à ce point	104,577	
Ancienne borne-repère N.° 62.	106,154	
Borne 16,800	106,287	*Idem.*
Rails à ce point	105,757	
Ancienne borne-repère N.° 61.	106,494	
Borne 16,600.	107,497	*Idem.*
Rails à ce point	106,957	
Borne 16,400	108,769	*Idem.*
Rails à ce point	108,130	
Borne 16,200	109,289	Sur la retraite.
Rails à ce point	109,302	
Borne 16,000	111,012	Sur la tête.
Rails à ce point	110,551	
Borne 15,800	111,715	Sur la retraite.
Rails à ce point	111,722	

Suite de la 5ᵉ Table.

DÉSIGNATION DES REPÈRES.	ÉLÉVA-TION au-dessus de la mer.	Obser-vations.
Borne kilométrique 15,600.	112,877	
Rails à ce point	112,902	
Borne 15,400	114,637	Sur la tête.
Rails à ce point	114,137	
Joint dessus de la 1ʳᵉ pierre du pied-droit, côté gauche amont	115,152	Pont des Communaux.
Borne 15,200	115,367	Sur la retraite.
Rails à ce point	115,379	
Borne 15,000	116,509	Idem.
Rails à ce point	116,529	
Ancienne borne-repère N.º 53. . . .	117,611	
Borne 14,800	117,748	Idem.
Rails à ce point	117,742	
Borne 14,600	119,439	Sur la tête.
Rails à ce point	118,942	
Parapet côté droit	119,569	Viaduc ou pont des Carmes.
Borne 14,400	120,634	Sur la tête.
Rails à ce point	120,143	
Borne 14,200	121,355	Sur la retraite.
Rails à ce point	121,351	
Ancienne borne-repère N.º 52. . . .	121,837	
Borne 14,000	123,014	Sur la tête.
Rails à ce point	122,522	
Borne 13,800	123,756	Sur la retraite.
Rails à ce point	123,753	
Borne 13,600	124,912	Idem.
Rails à ce point	124,907	
Clef côté droit du chemin de fer . . .	125,454	Pont de Vallongue.
Borne 13,400	126,079	Sur la retraite.
Rails à ce point	126,160	
Ancienne borne-repère N.º 49. . . .	124,340	
Rails à ce point	127,280	
Borne 13,200	127,771	Sur la tête.

10

Suite de la 5ᵉ Table.

DÉSIGNATION DES REPÈRES.	ÉLÉVA-TION au-dessus de la mer.	Obser-vations.
Borne kilométrique 13,000	128,488	Sur la retraite.
Rails à ce point	128,495	
Ancienne borne-repère N.° 47.	129,647	
Seuil de la porte de la maison du garde . .	130,193	Vis-à-vis Vallongue.
Borne 12,800	129,707	Sur la retraite.
Rails à ce point	129,744	
Ancienne borne-repère N.° 46.	132,077	
Borne 12,600	131,466	Sur la tête.
Rails à ce point	130,948	
Borne 12,400	132,166	Sur la retraite.
Rails à ce point	132,163	
Borne 12,200	133,348	*Idem.*
Ancienne borne-repère N.° 44.	134,062	
Borne 12,000	134,558	*Idem.*
Rails à ce point	134,549	
Ancienne borne-repère N.° 43.	135,309	
Borne 11,800	136,228	Sur la tête.
Rails à ce point	135,724	
Borne 11,600	137,406	*Idem.*
Rails à ce point	136,897	
Borne 11,400	138,061	Sur la retraite.
Rails à ce point	138,056	
Seuil de la maison du poseur	138,653	Après Vallongue.
Borne 11,200	139,801	Sur la tête.
Rails à ce point	139,291	
Ancienne borne-repère N.° 40.	139,120	
Borne 11,000	141,024	*Idem.*
Rails à ce point	140,517	
Borne 10,800	141,729	Sur la retraite.
Rails à ce point	141,729	
Borne 10,600	142,882	
Rails à ce point	142,887	
Borne 10,400	144,137	*Idem.*

Suite de la 5ᵉ Table.

DÉSIGNATION DES REPÈRES.	ÉLÉVATION au-dessus de la mer.	Observations.
Rails à ce point	144,137	
Ancienne borne-repère N.° 37.	145,217	
Borne kilométrique 10,200.	145,857	Sur la tête.
Rails à ce point	145,337	
Borne 10,000	146,543	Sur la retraite.
Rails à ce point	146,535	
Borne de pente près la station du mas de Ponge	147,205	Idem.
Rails à ce point	147,055	
Borne 9,800	147,145	Idem.
Rails à ce point	147,145	
1ʳᵉ marche de l'escalier montant à la maison du garde.	147,375	Mas de Ponge.
Borne 9,600	147,171	Sur la retraite.
Rails à ce point	147,169	
Borne de pente	147,166	
Rails à ce point	147,043	
Borne 9,400	147,540	Sur la tête.
Rails à ce point	147,001	
Borne 9,200	145,322	Idem.
Rails à ce point	144,812	
Borne 9,000	142,862	Idem.
Rails à ce point	142,392	
Ancienne borne-repère N.° 31.	140,516	
Borne 8,800	140,530	Idem.
Rails à ce point	140,036	
Ancienne borne-repère N.° 30.	137,859	
Borne 8,600	137,964	Idem.
Rails à ce point	137,584	
Borne 8,400	135,873	Idem.
Rails à ce point	135,307	
Borne 8,200	133,367	Idem.
Rails à ce point	132,847	

Suite de la 5ᵉ Table.

DÉSIGNATION DES REPÈRES.	ÉLÉVA-TION au-dessus de la mer.	Obser-vations.
Ancienne borne-repère N.º 28.	131,110	
Borne kilométrique 8,000	130,980	Sur la tête.
Rails à ce point	130,448	Nous prévenons de nouveau que les ordonnées des rails varient chaque jour, suivant l'entretien de la pose , qui les rappelle sans cesse à leur véritable hauteur. Les cotes de rails que nous donnons représentent seulement leur hauteur le jour de l'opération; mais comme elles ne peuvent éprouver que de très-légères variations, elles aident à reconnaître sûrement les autres repères très-exacts que nous indiquons.
Seuil de la maison du poseur entre les bornes 8,000 et 7,800	130,304	
Borne 7,800	128,533	Sur la tête.
Rails à ce point	128,052	
Borne 7,600	126,205	Idem.
Rails à ce point	125,627	
Borne 7,400	123,756	Idem.
Rails à ce point	123,225	
Borne 7,200	121,390	Idem.
Rails à ce point	120,876	
Ancienne borne-repère N.º 24.	119,968	
Borne 7,000	119,035	Idem.
Rails à ce point	118,437	
Borne 6,800	116,619	Idem.
Rails à ce point	116,088	
Borne 6,600	114,154	Idem.
Rails à ce point	113,640	
Ancienne borne-repère N.º 21.	112,655	

Suite de la 5ᵉ Table.

DÉSIGNATION DES REPÈRES.	ÉLÉVA-TION au-dessus de la mer.	Obser-vations.
Borne kilométrique 6,400	111,380	Sur la retraite.
Rails à ce point	111,375	
Borne 6,200	108,870	Idem.
Rails à ce point	108,867	
Borne 6,000	106,895	Sur la tête.
Rails à ce point.	106,395	
Borne 5,800	104,511	Idem.
Rails à ce point	104,052	
Borne 5,600	102,147	Idem.
Rails à ce point	101,603	
Borne 5,400	99,760	Idem.
Rails à ce point	99,222	
Borne 5,200	97,301	Idem.
Rails à ce point	96,825	
Borne 5,000	94,962	Idem.
Rails à ce point	94,399	
Borne 4,800	92,524	Idem.
Rails à ce point	92,067	
Seuil de la vieille maisonnette qui se trouve à droite et aval du grand viaduc de la Tour-Magne	89,561	Commencement de la tranchée de la Tour-Magne.
Borne 4,600	90,157	Sur la tête.
Rails à ce point	89,598	
Borne 4,400	87,730	Idem.
Rails à ce point	87,216	
Borne 4,200	85,332	Idem.
Rails à ce point	84,767	
Borne 4,000	82,961	Idem.
Rails à ce point	82,375	
Borne 3,800	80,004	Sur la retraite.
Rails à ce point	79,991	
Parapet amont et de gauche.	78,924	Viaduc du mas du Diable.

Suite de la 5ᵉ Table.

DÉSIGNATION DES REPÈRES.	ÉLÉVA-TION au-dessus de la mer.	Obser-vations.
Borne kilométrique 3,600	78,133	Sur la tête. .
Rails à ce point	77,628	
Borne 3,400	75,686	*Idem.*
Rails à ce point	75,205	
Parapet amont, côté gauche	73,148	Pont de St Baudile.
Borne 3,200	73,277	Sur la tête.
Rails à ce point	72,774	
Borne 3,000	70,991	*Idem.*
Rails à ce point	70,410	
Parapet amont, côté gauche	69,040	Pont Vente-Brin.
Borne 2,800	68,065	Sur la retraite.
Rails à ce point	68,059	
Borne 2,600	66,154	Sur la tête.
Parapet amont, côté gauche	64,008	Pont de la route d'Uzès.
Borne 2,400	63,688	Sur la tête.
Rails à ce point	63,158	
Marche de la maisonnette du poseur . . .	61,821	Point de la ligne 2500 mètres.
Borne 2,200	60,337	Sur la retraite.
Rails à ce point	60,332	
Borne 2,000	58,941	Sur la tête.
Rails à ce point	58,449	
Borne 1,800	56,577	*Idem.*
Rails à ce point	56,078	
Ancienne borne-repère N.º 1	53,114	
Borne 1,600	53,559	Sur la retraite.
Rails à ce point	53,567	
Borne de pente	51,513	
Rails à ce point	51,463	
Seuil de la porte de la maison du garde . .	51,768	Embranchement sur la ligne de Nismes à Beaucaire.

6ᵉ *Table.*

LIGNE DE NISMES A BEAUCAIRE.

DÉSIGNATION DES REPÈRES.	ÉLÉVA-TION au-dessus de la mer.	*Obser-vations.*
		Voir Planche 12.
Naissance des rails à l'extrémité du débarca-dère de Nismes.	m 51,696	
Borne de rails vis-à-vis la bascule. . . .	51,473	
Idem à 350 mètres de l'origine.	51,385	
Idem vis-à-vis la petite guérite maçonnée qui se trouve à l'angle nord-ouest des murs du chemin de fer de Montpellier .	51,395	
Rails à ce point	51,401	
Borne de rails à 750ᵐ de l'origine. . . .	51,419	
Ancienne borne-repère N.º 5	51,461	
Borne kilométrique 800.	51,347	Sur la cheville en fer plantée sur le devant de cette borne.
Rails à ce point	51,389	
Borne 1,000	51,389	
Rails à ce point	51,423	
Borne 1,200	51,395	
Rails à ce point	51,406	
Seuil de la porte de la maison du garde . .	51,751	Embranchement d'Alais.
Rails à ce point	51,415	
Borne de pente	51,187	
Borne 1,600	51,510	Sur l'arête supé-rieure.
Rails à ce point	51,193	
Borne 1,800	50,531	
Rails à ce point	50,489	
Seuil de la 1ʳᵉ porte, côté de Nismes, de la station de Courbessac.	49,603	
Borne 2,000	50,036	Croix gravée sur le socle, côté de Beaucaire.
Rails à ce point	49,763	

Suite de la 6ᵉ Table.

DÉSIGNATION DES REPÈRES.	ÉLÉVA-TION au-dessus de lamer.	Obser-vations.
Seuil de la porte de la maison du garde . .	49,287	Près le pont d'Avignon , en amont.
Borne d'axe ou de rails	48,307	
Idem vis-à-vis la maison du garde. . . .	48,228	Aval du pont d'Avignon.
Seuil de la porte de la maison du garde . .	48,576	*Idem.*
Borne de pente	47,911	
Borne 2,600	47,796	
Rails à ce point	47,856	
Ancienne borne-repère N.º 15.	49,042	
Borne 2,800	47,907	
Rails à ce point	47,830	
Ancienne borne-repère N.º 16.	48,260	
Borne 3,000	47,847	A la croix faite sur le socle.
Rails à ce point	47,845	
Ancienne borne-repère N.º 17	47,708	
Borne 3,200	47,858	
Rails à ce point	47,862	
Borne 3,400	47,797	
Rails à ce point	47,812	
Borne de pente	47,727	
Rails à ce point	47,697	
Ancienne borne-repère N.º 19.	46,964	
Borne 3,600	47,235	
Rails à ce point	47,212	
Seuil de la maison du garde.	46,820	A Marguerite.
Borne 3,800	46,385	
Rails à ce point	46,551	
Borne 4,000	45,779	
Rails à ce point	45,777	
Borne 4,200	45,081	
Rails à ce point	45,095	
Borne 4,400	44,317	
Rails à ce point	44,466	

Suite de la 6ᵉ Table.

DÉSIGNATION DES REPÈRES.	ÉLÉVA-TION au-dessus de la mer.	Obser-vations.
Ancienne borne-repère N.° 24	42,556	
Borne fin de pente 0ᵐ0035.	43,967	
Rails à ce point	44,053	
Borne 4,600	43,747	
Rails à ce point	43,907	
Borne 4,800	43,564	
Rails à ce point	43,982	
Croix gravée sur la clef du pont qui se trouve entre 4,800 et 5,000	43,931	
Borne 5,000	44,010	
Rails à ce point	43,997	
Borne 5,200	43,671	
Rails à ce point	43,979	
Ancienne borne-repère N.° 28	41,065	
Borne 5,400	44,028	
Rails à ce point	44,034	
Borne 5,600	43,790	
Rails à ce point	44,010	
Borne 5,800	43,895	
Rails à ce point	44,011	
Ancienne borne-repère N.° 31	42,261	
Borne de pente	44,162	
Borne 6,000	44,114	
Rails à ce point	44,102	
Borne 6,200	44,923	
Rails à ce point	44,813	
Borne 6,400	45,538	
Rails à ce point	45,575	
Borne 6,600	46,180	
Rails à ce point	46,275	
Seuil de la maison du garde	46,658	Beaulieu.
Ancienne borne-repère N.° 35	46,718	
Borne 6,800	46,934	

Suite de la 6ᵉ Table.

DÉSIGNATION DES REPÈRES.	ÉLÉVA-TION au-dessus de la mer.	Obser-vations.
Rails à ce point	46,990	
Borne kilométrique 7,000	47,803	
Rails à ce point	47,663	
Borne 7,200	48,356	
Rails à ce point	48,336	
Borne 7,400	49,043	
Rails à ce point	49,034	
Borne 7,600	49,663	
Rails à ce point	49,724	
Borne 7,800	50,458	
Rails à ce point	50,400	
Borne 8,000	51,175	
Rails à ce point	51,120	
Borne 8,200	51,816	
Rails à ce point	51,858	
Borne 8,400	52,536	
Rails à ce point	52,539	
Borne 8,600	53,112	
Rails à ce point	53,224	
Borne 8,800	53,886	
Rails à ce point	53,917	
Seuil de la maison du garde	54,040	Manduel.
Borne de pente	54,232	
Borne 9,000	54,293	
Rails à ce point	54,271	
Borne 9,200	54,709	
Rails à ce point	54,825	
Ancienne borne-repère N.° 48	53,259	
Borne 9,400	55,192	
Rails à ce point	55,416	
Seuil de la porte de la maison du garde . .	55,563	Nouvelle station.
Borne 9,600	55,782	
Rails à ce point	56,012	

Suite de la 6ᵉ Table.

DÉSIGNATION DES REPÈRES.	ÉLÉVA-TION au-dessus de la mer.	Obser-vations.
Ancienne borne-repère N.º 50.	54,148	
Borne kilométrique 9,800	56,138	
Rails à ce point	56,609	
Borne 10,000	57,295	
Rails à ce point	57,274	
Borne 10,200	57,757	
Rails à ce point	57,887	
Borne 10,400	58,488	
Rails à ce point	58,512	
Croix gravée sur une pierre plate de la porte de la maison du garde.	58,845	De Curboussot.
Borne 10,600	59,009	
Rails à ce point	59,142	
Borne 10,800	59,731	
Rails à ce point	59,756	
Borne de pente après 0ᵐ003	60,239	
Rails à ce point	60,084	
Borne 11,000	60,009	
Borne 11,200	60,594	
Rails à ce point	60,169	
Borne 11,400	60,103	Tête de la borne.
Rails à ce point	60,073	
A une croix gravée sur une pierre de taille de la station à eau.	60,883	Mas Larrier.
Borne 11,600	60,009	
Rails à ce point	60,063	
Borne 11,800	60,079	
Rails à ce point	60,104	
Borne 12,000	60,140	
Rails à ce point	60,064	
Borne 12,200	60,000	
Rails à ce point.	60,095	
Ancienne borne-repère N.º 63.	60,798	

Suite de la 6ᵉ Table.

DÉSIGNATION DES REPÈRES.	ÉLÉVA-TION au-dessus de la mer.	Obser-vations.
Borne kilométrique 12,400.	59,905	
Rails à ce point	59,999	
Borne 12,000	59,997	
Rails à ce point	60,010	
Borne 12,800	60,095	
Rails à ce point	60,071	
Repère gravé sur la clef du pont	59,837	Pont de Maigre.
Borne 13,000 . . . . . :	59,989	
Rails à ce point	60,113	
Borne 13,200	60,075	
Rails à ce point	60,001	
Borne 13,400	59,999	
Rails à ce point	59,999	
Borne 13,600	60,058	
Rails à ce point	60,006	
Borne 13,800	59,877	
Rails à ce point	60,004	
Ancienne borne-repère N.° 71.	58,712	
Borne 14,000	60,020	
Rails à ce point	59,967	
Borne 14,200	59,984	
Rails à ce point	59,994	
Borne 14,400	59,865	
Rails à ce point	59,958	
Ancienne borne-repère N.° 74.	58,116	
Borne 14,600	59,888	
Rails à ce point	60,002	
Borne 14,800	59,934	
Rails vis-à-vis.	59,969	
Ancienne borne-repère N.° 76.	58,989	
Marche de la maison du garde.	59,833	Bellegarde.
Borne 15,000	59,996	
Rails à ce point	59,880	

Suite de la 6ᵉ Table.

DÉSIGNATION DES REPÈRES.	ÉLÉVA-TION au-dessus de la mer.	*Obser-vations.*
Ancienne borne-repère N.º 77.	58,785	
Borne kilométrique 15,200.	59,948	
Rails à ce point	59,998	
Borne 15,400	59,995	
Rails à ce point	59,994	
Borne 15,600	59,958	
Rails à ce point	60,024	
Borne 15,800	60,022	
Rails à ce point	60,004	
Borne 16,000	60,197	
Rails à ce point	59,999	
Borne de pente	59,830	Firminelles.
Rails à ce point	59,855	
Borne 16,200	59,789	
Rails à ce point	59,851	
Borne 16,400	58,485	
Rails à ce point	58,548	
Borne 16,600	57,162	
Rails à ce point	57,207	
Borne 16,800	55,788	
Rails à ce point	55,762	
Ancienne borne-repère N.º 86	53,143	
Borne 17,000	54,488	
Rails à ce point	54,450	
Ancienne borne-repère N.º 87.	51,205	
Borne 17,200	53,600	Tête de la borne.
Rails à ce point	53,117	
Borne 17,400	51,628	
Rails à ce point	51,622	
Borne 17,600	50,419	
Rails à ce point	50,395	
Borne 17,800	48,831	
Rails à ce point	48,812	

Suite de la 6ᵉ Table.

DÉSIGNATION DES REPÈRES.	ÉLÉVA-TION au-dessus de la mer.	*Obser-vations.*
Croix gravée sur le parapet nord	49,167	Viaduc de la fontaine du roi.
Borne kilométrique 18,000.	47,530	
Rails à ce point	47,533	
Borne 18,200	46,116	
Rails à ce point	46,155	
Borne 18,400	44,718	
Rails à ce point	44,693	
Borne 18,600	43,862	Tête de la borne.
Rails à ce point	43,314	
Borne 18,800	42,344	
Rails à ce point	41,932	
Croix faite sur le parapet nord du viaduc. .	41,315	Pauvre-Ménage.
Borne 19,000	40,529	
Rails à ce point	40,490	
Borne 19,200	39,041	
Rails à ce point	39,221	
Borne 19,400	37,677	
Rails à ce point	37,649	
Croix gravée sur le parapet nord du pont .	36,717	Laure-Folie.
Ancienne borne-repère N.° 99.	35,809	
Borne 19,600	36,187	
Rails à ce point	36,257	
Borne 19,800	34,847	
Rails à ce point	34,834	
Borne 20,000	33,484	
Rails à ce point	33,463	
Borne 20,200	32,029	
Rails à ce point	32,065	
Borne 20,400	30,622	
Rails à ce point	30,623	
Borne 20,600	29,248	
Rails à ce point	29,259	
Borne 20,800	27,886	

Suite de la 6ᵉ Table.

DÉSIGNATION DES REPÈRES.	ÉLÉVA- TION au-dessus de la mer.	*Obser- vations.*
Seuil de la maison du garde, aval. . . .	26,738	Du tunnel de Beaucaire.
Borne kilométrique 21,000	26,450	
Rails à ce point	26,429	
Borne 21,200	24,909	
Rails à ce point	25,031	
Parapet de gauche, croix gravée . . .	25,109	Viaduc du mas de l'Abbé.
Idem	23,549	Viaduc des Beau- mes.
Borne 21,600	22,190	
Rails à ce point	22,193	
Parapet de gauche à la croix gravée . .	21,547	Pont de St-Sixte.
Borne 21,800	20,847	
Rails à ce point	20,879	
Pierre plate placée sur le petit fossé devant la porte de la grotte de la fontaine de la tranchée de St-Sixte, à la croix gravée	20,203	
Borne 22,000	19,560	
Rails à ce point	19,445	
Parapet gauche amont, sur la croix . .	18,937	Viaduc de Ge- nestel.
Borne 22,200	17,968	
Rails à ce point	18,052	
Borne 22,400	16,534	
Rails à ce point	16,614	
Parapet gauche aval, sur la croix. . .	16,892	Viaduc de Ge- nestel.
Borne 22,600	15,118	
Rails à ce point	15,155	
Borne 22,800	13,865	
Rails à ce point	13,838	
Borne 23,000	12,481	
Rails à ce point	12,454	
Borne 23,200	11,096	
Rails à ce point	11,044	

Suite de la 6ᵉ Table.

DÉSIGNATION DES REPÈRES.	ÉLÉVA-TION au-dessus de la mer.	*Obser-vations.*
Borne kilométrique 23,400.	9,538	
Rails à ce point	9,622	
Parapet gauche amont, à la croix	9,114	Pont de St-Gilles.
Borne 23,600	8,193	
Rails à ce point	8,185	
Borne 23,800	7,217	Tête de la borne.
Rails à ce point	7,169	
Borne 24,000	7,551	Tête de la borne.
Rails de l'ancienne bascule	7,100	
Plaque tournante des voyageurs	6,678	Entrée du débarcadère de Beaucaire.
Rails à l'extrémité de l'embarcadère . . .	6,676	Point 24,425 mètres 70.
Pierre de taille près la première colonne, côté de Nismes et de gauche	7,738	*Trottoir du débarcadère.
Etiage de Beaucaire	3,612	

7e *Table.*

REPÈRES DIVERS FAISANT SUITE AUX CHEMINS DE FER
DU GARD, NISMES ET LA GRAND'COMBE.

DÉSIGNATION DES REPÈRES.	ÉLÉVA-TION au-dessus de la mer.	*Obser-vations.*
	m	
Dalles de la 1re marche de l'hémicycle . .	52,37	Fontaine de Diane, à Nismes.
Borne N.º 2, route d'Alais	57,28	
Borne N.º 4, *idem*	60,94	
Borne N.º 6, *idem*	61,34	
Borne N.º 8, *idem*	65,25	
Borne N.º 16, *idem*	75,25	
Grand'Combe.		
Bascule de la Pize	185,520	
Seuil de la porte de l'entrepôt des marchandises	186,461	
Croix de la Clède	188,042	Voir Planche 12. Même basse-mer que pour les chemins du Gard.
Pontceau du gouffre de Trescol	191,995	
Croix de Trescol	198,453	
Pont de la Tronche	201,826	
Entrée de la mine Mourier	203,862	
Dessus de la grosse pile du pont Mourier. .	203,974	
Entrée de la mine Roux	198,380	
Seuil de la porte de la mine de la Levade. .	203,860	
Point le plus bas de la mine Roux	173,920	
Seuil de la porte N.º 1 de la caserne Marcoux	203,164	
Orifice du puits des Nonnes	206,060	
Bas du puits des Nonnes	173,750	
Point le plus bas de l'exploitation. . . .	163,250	
Gardon en face du puits des Nonnes . . .	192,930	
Gardon en face de la mine Roux	197,002	
Gardon en face du sondage de Trescol . .	184,754	
Gardon en face de la bascule de la Pize . .	179,640	

12

Suite de la 7ᵉ Table.

DÉSIGNATION DES REPÈRES.	ÉLÉVA-TION au-dessus de la mer.	Obser-vations.
Orifice du sondage du gouffre de Trescol. .	194,564	
Bas du sondage du gouffre de Trescol. . .	60,564	
Orifice du sondage de Trescol.	195,810	
Bas du sondage de Trescol	109,800	
Entrée de la mine Abylon	195,700	
Point le plus bas de la mine	179,760	
Entrée de la mine Luce.	196,460	
Point le plus bas de la mine	125,150	
Entrée de la mine Ricard	204,580	
Point à l'orifice du puits Ricard	211,300	
Bas du puits	170,300	
Point le plus bas de l'exploitation . . .	161,380	
Entrée de la mine Fournier	229,660	
Point le plus bas de la mine.	167,750	
Entrée de la mine Sans-Nom, rive droite .	222,400	
Point le plus bas de la mine.	203,160	
Entrée de la mine Sans-Nom , rive gauche .	226,170	
Point le plus bas de la mine.	229,210	
Entrée de la mine du Gouffre-de-Touret .	233,340	
Point le plus bas de la mine	216,730	
Entrée de la mine Rothschild	281,170	
Sortie du côté de la Marine.	293,950	
Entrée de la mine du Col-Malpertus . .	282,820	
Entrée de la mine du Vallat	268,550	
Entrée de la mine du Velours	282,280	
Entrée de la mine Thérand (Champelauson)	394,500	
Point le plus bas de la mine *idem* . .	379,350	
Entrée de Gazay *idem* .	454,500	
Entrée du Trou-du-Mulet *idem* .	421,610	
Entrée de la mine de la Crouzette. . . .	542,890	
Entrée de la mine de Palme-Salade . . .	342,290	
Parapet du pont du Pontil	345,890	
Seuil de la porte à la Fenadou	362,530	

Suite de la 7ᵉ Table.

DÉSIGNATION DES REPÈRES.	ÉLÉVATION au-dessus de la mer.	Observations.
Sur le pont de Palme-Salade	348,730	
Dans le vallat, sous le pont	337,730	
Croix de Portes	556,540	
Col Malpertus	390,680	
Sur le rocher de la Pilouse	382,680	
Casernes neuves	273,780	
Casernes vieilles	256,000	
Plaque de l'administration	252,200	
Caserne de Ners	208,050	
Casernes Bourdalouë ; seuil du magasin. .	205,940	
Palier des grands plans inclinés	215,910	
Haut des plans inclinés	274,200	
Bas des plans inclinés	197,350	

8ᵉ *Table.*

CHEMIN DE FER DE MONTPELLIER A NISMES.

NIVELLEMENT DÉFINITIF

DES BORNES-REPÈRES ÉTABLIES ENTRE NISMES
ET LE VIDOURLE, LIMITE DU DÉPARTEMENT DU GARD.

Nous devons ces repères à la bienveillance de M. Aurès, ingénieur en chef du chemin de fer de Montpellier à Nismes, qui a eu de plus la complaisance d'y joindre des notes précieuses sur le rapport entr'eux des divers *zéros* des échelles de basses-mers pris pour points de départ des nivellemens.

1° *Repères posés sur la ligne au nord de la voie et à la limite des terrains expropriés.*

BORNES.	ORDONNÉES.	BORNES.	ORDONNÉES.	BORNES.	ORDONNÉES.	Observations.
0	50,802	17	38,971	34	37,493	Les ordonnées sont rapportées au zéro de l'échelle des marées du port d'Aigues-Mortes. Voir Planche 12. La borne N.º 0 est placée sur l'axe du chemin de fer de Nismes à Beaucaire, au niveau même et à l'origine de l'embranchement du chemin de fer de Nismes à Montpellier. La borne N.º 120 est placée dans le département de l'Hérault, immédiatement après la digue du Vidourle. Toutes les bornes-repères du département du Gard sont espacées entr'elles de 200 en 200 mètres. Ainsi il y a une distance totale de 24,000 mètres entre la borne N.º 0 et la borne N.º 120.
1	51,315	18	41,673	35	37,094	
2	50,539	19	47,965	36	36,499	
3	49,448	20	40,800	37	34,998	
4	46,697	21	38,774	38	33,958	
5	44,518	22	39,443	39	32,330	
6	43,222	23	42,184	40	30,956	
7	41,249	24	40,286	41	29,884	
8	40,056	25	40,146	42	32,609	
9	39,703	26	40,570	43	39,194	
10	39,152	27	39,982	44	34,047	
11	39,348	28	38,102	45	42,740	
12	39,498	29	36,786	46	31,585	
13	39,296	30	35,473	47	29,854	
14	39,451	31	35,617	48	29,215	
15	39,444	32	36,537	49	29,077	
16	39,252	33	36,960	50	30,225	

Suite de la 8ᵉ Table.

BORNES.	ORDONNÉES.	BORNES.	ORDONNÉES.	BORNES.	ORDONNÉES.	Observations.
51	30,024	75	22,577	99	21,951	
52	29,807	76	26,784	100	21,615	
53	29,990	77	22,142	101	20,239	
54	32,171	78	21,264	102	19,858	
55	30,103	79	22,893	103	20,095	
56	30,910	80	23,986	104	19,512	
57	31,421	81	21,890	105	19,287	
58	32,587	82	28,854	106	20,070	
59	26,897	83	23,967	107	19,530	
60	24,933	84	21,960	108	19,280	
61	24,250	85	24,343	109	20,834	
62	25,238	86	23,529	110	20,684	
63	24,406	87	24,141	111	21,723	
64	29,674	88	27,210	112	23,070	
65	33,578	89	22,983	113	21,683	
66	22,966	90	23,408	114	17,722	
67	25,865	91	21,372	115	16,667	
68	31,654	92	21,258	116	13,220	
69	25,088	93	18,727	117	10,650	
70	25,079	94	18,744	118	11,557	
71	23,500	95	21,419	119	12,558	
72	24,135	96	25,196	120	12,087	
73	27,953	97	24,598			
74	28,244	98	23,659			

2° *Repères pris sur les bornes de la route royale N.° 87
de Lyon à Béziers, entre Nismes et le Vidourle.*

14	41,820	32	37,580	48	35,418
16	41,810	34	36,290	50	35,670
18	39,230	36	36,288	52	35,340
20	37,720	38	35,094	54	34,510
22	35,870	40	34,939	56	33,050
24	35,360	42	34,719	58	31,976
26	35,950	44	34,599	60	30,636
28	35,580	46	35,014	64	30,323

Suite de la 8ᵉ Table.

BORNES.	ORDONNÉES.	BORNES.	ORDONNÉES.	BORNES.	ORDONNÉES.	Observations.
68	29,349	124	21,907	178	16,560	
72	29,168	126	21,876	180	16,084	
74	28,776	128	21,621	182	15,463	
76	28,688	130	20,356	184	15,017	
78	29,203	132	19,337	186	14,563	
80	29,685	134	19,273	188	14,893	
82	30,235	136	19,122	190	14,556	
84	30,035	138	19,039	192	14,256	
86	29,884	140	20,701	194	13,950	
88	30,507	142	19,111	196	13,307	
90	30,490	144	18,724	198	13,084	
92	31,035	146	18,209	200	13,009	
94	29,322	148	18,519	202	12,293	
96	27,367	150	18,446	204	12,136	
98	25,962	152	17,394	206	12,090	
100	25,912	154	17,318	208	12,830	
102	24,323	156	17,326	210	12,090	
104	23,851	158	17,358	212	12,000	
106	23,203	160	17,861	214	12,224	
108	23,316	162	17,810	216	12,084	
110	25,150	164	18,405	218	11,668	
112	23,330	166	18,230	220	11,972	
114	22,201	168	18,320	222	11,956	
116	22,024	170	18,588	224	11,805	
118	22,291	172	18,102	226	12,067	
120	21,541	174	17,575	1	12,174	
122	21,882	176	17,046			

NOTA. Le dernier repère sur la borne cotée N.º 1 a été pris dans le département de l'Hérault, immédiatement après le pont du Vidourle. C'est sur cette borne que les nivellemens faits dans le Gard se rattachent à ceux de l'Hérault.

Suite de la 8ᵉ Table.

3° *Repères pris hors ligne.*

DÉSIGNATION DES REPÈRES.	Ordon-nées.	Obser-vations.
Sur la plinthe du pont biais d'Avignon, à l'angle sud-ouest	49,690	
Sur la plinthe du pont du Cadereau d'Alais, à l'angle nord-est	43,966	
Sur le côté aval du pont qui se trouve avant l'octroi de Nismes, route royale de Montpellier	42,230	
Sur le parapet aval du pont de Milhau . .	29,395	
Sur le piédestal de la croix, à l'entrée de Milhau	30,123	
Sur la 1ʳᵉ marche de la promenade de Milhau	30,339	
Sur le seuil de la maison Cadière	46,496	
Sur la 2ᵉ marche de l'escalier du temple d'Uchaud, à gauche en montant . . .	26,986	
Croix sous Bernis.	24,636	
Sur la borne N.° 186 de la route d'Aigues-Mortes, près le pont de l'hôpital . . .	13,271	
Sur le seuil de la porte du 1ᵉʳ étage du moulin de Veindran	15,111	
Crue de 1812	15,551	
Crue de 1654	15,920	
Crue de 1742	16,311	
Sur le butte-roue du déversoir du moulin de Veindran	14,543	
Niveau des basses eaux sous le moulin de Veindran	10,008	
Point sur la digue près du déversoir . . .	15,233	
Borne 2 de la route de Sommières. . . .	37,870	
Borne 4 *idem.*	37,970	

Suite de la 8ᵉ Table.

Nivellement définitif

Des bornes-repères établies dans la partie comprise entre le chemi *de fer de Montpellier à Cette et le Vidourle, limite du départe* *ment de l'Hérault.*

DÉSIGNATION DES REPÈRES.	Ordon- nées.	Obser- vations.
Sur la 1ʳᵉ marche de la croix de la sonnerie.	28,576	
Sur les rails du chemin de fer de Cette, à 5ᵐ000 en amont du pont Leyris (point d'embranchement du chemin de Montpellier à Nismes).	25,748	
Sur le couronnement du puits dans le jardin Daube, aujourd'hui dans la station des charbons	27,183	
Sur le seuil ou dernière marche du temple des protestans.	29,520	
Sur le couronnement aval d'un pontceau existant sur la route du pont Juvénal . .	26,336	
Sur la pierre servant de radier à l'égout de la rue Lévesque	25,915	
Sur le perron situé près du logement du portier, sous le portail d'entrée du côté de la cour de la citadelle	37,340	
Sur le seuil de la fontaine existant dans la cour de la citadelle	35,378	
Sur le couronnement aval du pontceau situé sur le ruisseau des glacières de la citadelle.	34,188	
Sur une borne de délimitation du terrain du génie, au-dessous desdites glacières, près le fossé	21,560	
Sur la borne hectométrique N.º 256 de la route royale N.º 87 de Lyon à Béziers. .	21,268	
Sur le couronnement d'un aqueduc situé sur le fossé gauche de la route, entre les bornes 256 et 255.	20,720	
Sur la borne hectométrique N.º 254 de la route royale N.º 87 de Lyon à Béziers. .	22,756	

Les ordonnées sont rapportées au *zéro* de l'échelle de l'écluse carrée du Vidourle. — Voir Planche 12.

Suite de la 8ᵉ Table.

DÉSIGNATION DES REPÈRES.	Ordon-nées.	*Obser-vations.*
Sur la borne hectométrique N.° 252 de la route royale N.° 87 de Lyon à Béziers. .	23,054	
Idem — — N.° 250	23,066	
Idem — — N.° 248	22,537	
Idem — — N.° 246	23,843	
Idem — — N.° 244	24,959	
Idem — — N.° 242	26,268	
Idem — — N.° 240	26,284	
Sur le cordon aval au milieu du pont de Castelnau	25,311	
Sur la digue de Sauret	16,212	
Sur une borne à l'angle nord du jardin de Sauret	25,005	
Sur une borne à l'angle du jardin de Sauret, près la rivière du Lez	21,232	
Sur le seuil de la porte-cochère de la campagne de M. Lordat	23,415	
Sur la borne hectométrique N.° 232 de la route royale N.° 87 de Lyon à Béziers . .	28,866	
Idem — — N.° 230	28,989	
Idem — — N.° 228	30,484	
Idem — — N.° 226	32,077	
Idem — — N.° 224	34,628	
Idem — — N.° 222	36,472	
Idem — — N.° 220 . . . , .	36,846	
Idem — — N.° 218	38,135	
Sur l'appui de la fenêtre à gauche de la porte d'entrée de la fabrique Montels . . .	40,181	
Sur le seuil de la porte d'entrée du mas Catrix	41,602	
Sur la borne hectométrique N.° 216 de la route royale N.° 87 de Lyon à Béziers . .	39,761	
Idem — — N.° 214	39,040	
Idem — — N.° 212	37,355	

Suite de la 8ᵉ Table.

DÉSIGNATION DES REPÈRES.	Ordon-nées.	Obser-vations.
Sur le seuil de la porte d'entrée d'une petite maison située entre les piquets 5 et 6 (7ᵉ série)	38,267	
Sur la borne hectométrique N.º 210 de la route royale N.º 87 de Lyon à Béziers. .	36,127	
Idem — — N.º 208	35,613	
Sur le seuil de la porte d'entrée d'une petite maison située à droite de la ligne, en face de la borne N.º 208	38,648	
Sur la borne hectométrique N.º 206 de la route royale N.º 87 de Lyon à Béziers . .	35,356	
Idem — — N.º 204	34,689	
Idem — — N.º 202	34,187	
Idem — — N.º 200	34,630	
Sur une borne près du Salaison (rive gauche)	23,696	
Idem — des jardins de St-Aunès .	25,057	
Sur la 1ʳᵉ marche de la croix située à l'entrée de St-Aunès	36,970	
A l'angle sud de la dernière maison de St-Aunès, près la ligne (entre les piquets 8 et 9)	36,533	
Sur le socle de la croix située entre les piquets 1 et 2 (11ᵉ série)	28,249	
Sur une borne de limite du bois situé au-delà de St-Aunès	23,688	
Sur une borne à l'angle sud du jardin de Caduz	23,811	
Sur une borne à droite du chemin de Caduz, près le Mas	25,211	
Sur le couronnement amont d'un ponceau sur une dérivation du ruisseau de St-Antoine (chemin du mas de Masanne à Mauguis)	24,771	
Sur une borne près le ruisseau de St-Antoine, entre les piquets 8 et 9 (13ᵉ série). . .	24,124	

Suite de la 8ᵉ *Table.*

DÉSIGNATION DES REPÈRES.	Ordon-nées.	Obser-vations.
Sur un banc à droite de la porte du mas de Masanne.	27,449	
Sur un banc de pierre dans l'avenue du mas de Masanne	29,307	
Sur la borne hectométrique N.º 150 de la route royale N.º 87 de Lyon à Béziers . .	29,226	
Idem — — N.º 148	28,317	
Idem — — N.º 146	27,290	
Idem — — N.º 144	25,621	
Idem — — N.º 142	24,664	
Idem — — N.º 140	24,343	
Idem — — N.º 138	23,904	
Sur le couronnement amont d'un pontceau situé sur le chemin de Colombière , au mas de Bosc , entre les piquets 18 et 19 (14ᵉ série)	20,981	
Sur la borne hectométrique N.º 136 de la route royale N.º 87 de Lyon à Béziers. .	24,139	
Idem — — N.º 134	23,084	
Idem — — N.º 132	22,965	
Idem — — N.º 130	21,843	
Idem — — N.º 128	21,932	
Idem — — N.º 126	21,852	
Idem — — N.º 125	21,222	
Idem — — N.º 124	20,836	
Sur le couronnement aval d'un pontceau à gauche de la ligne, entre les piquets 8 et 9 (16ᵉ série) , sur le chemin de St-Brès à Mudaison	18,284	
Sur la borne hectométrique N.º 120 de la route royale N.º 87 de Lyon à Béziers . .	20,552	
Idem — — N.º 118	21,902	
Idem — — N.º 116	19,976	
Idem — — N.º 114	18,865	
Idem — — N.º 112	19,401	
Idem — — N.º 111	19,394	

Suite de la 8ᵉ Table.

DÉSIGNATION DES REPÈRES.	Ordon-nées.	Obser-vations.
Sur la borne hectométrique N.º 110 de la route royale N.º 87 de Lyon à Béziers. .	19,262	
Idem — — N.º 108	19,035	
Idem — — N.º 106	19,334	
Idem — — N.º 104	20,037	
Sur le couronnement aval d'un pontceau entre les bornes 103 et 104.	19,593	
Sur la borne hectométrique N.º 102 . . .	20,198	
Sur le couronnement aval du pont de Valergues, près la borne N.º 100	20,155	
Idem du pontceau entre les bornes 91 et 92 .	16,939	
Idem idem 85 et 86 .	16,155	
Sur le bahut aval au-dessus de la clef du pont de Lunel-Vieil	15,160	
Sur la borne hectométrique N.º 74 . . .	14,969	
Idem — — N.º 72 . . .	15,079	
Idem — — N.º 70 . . .	16,031	
Idem — — N.º 68 . . .	14,261	
Idem — — N.º 67 . . .	13,694	
Idem — — N.º 66 . . .	13,250	
Idem — — N.º 64 . . .	11,923	
Sur le bahut aval au-dessus de la clef du pont du Ministre.	13,194	
Sur la borne hectométrique N.º 62 . . .	12,411	
Idem — — N.º 60 . . .	12,727	
Idem — — N.º 58 . . .	12,579	
Idem — — N.º 35 . . .	7,588	
Sur le seuil de la porte d'entrée de l'enceinte du Calvaire, sur la promenade de Lunel .	7,201	
Sur la colonnette d'amarrage, à l'angle du canal, à droite en venant du Calvaire . .	2,417	
Sur la colonnette d'amarrage près la fontaine du canal de Lunel (la dernière sur la rive droite)	2,001	

Suite de la 8ᵉ Table.

DÉSIGNATION DES REPÈRES.	Ordon-nées.	Obser-vations.
Sur une borne de la route de Lunel à Sommières, à gauche en partant de Lunel . .	10,743	
Sur la dernière marche d'une croix près le mas Chambon	10,287	
Sur la 1ʳᵉ marche de la grille d'entrée du mas Chambon, à gauche	10,394	
Sur la borne kilométrique N.º 8, route de Lunel à Sommières	9,358	
Sur la borne hectométrique 8,500. . . .	8,807	
Sur la borne kilométrique N.º 9	14,614	
Sur la dernière marche de l'escalier en face de l'avenue du mas de St-Jean-de-Noix, sur la digue droite du Vidourle	14,703	
Sur une borne placée sur la digue droite du Vidourle, à l'amont et la plus près du moulin du Juge	13,830	
Sur la borne hectométrique N.º 1 de la route royale N.º 87 de Lyon à Béziers, près le pont du Vidourle	12,290	

9e *Table.*

CANAUX DE LA CONCESSION DE BEAUCAIRE.

DÉSIGNATION DES REPÈRES.	RAPPORT des repères à la basse-mer	Obser- vations.
	m	
Mur de défense de l'écluse de la prise d'eau .	11,910	
Couronnement en arrière	10,705	
Buscs	2,000	
Couronnement de l'écluse de Charenconne .	5,420	
Busc d'amont	1,740	
Couronnement de l'écluse de Nourriguier .	3,060	
Busc d'amont	0,360	
Couronnement de l'écluse de Broussan . .	1,730	
Busc d'amont	1,000	
Busc d'aval.	2,000	
Couronnement sud du bassin de St-Gilles .	1,210	
Banquette du pont de Franquevaux . . .	1,070	
Radier du reversoir de Gallician	1,250	
Couronnement de la martellière à dix ouver- tures.	2,296	
Couronnement de l'écluse de Garde . . .	2,000	
Buscs	2,000	
Couronnement de la demi-écluse du Vi- dourle	4,600	
Radier	2,000	

Bassins de desséchement.

Marais supérieurs.

Couronnement du pont de St-Michel sur la rigole de ceinture.	3,400	
Idem — des Patys — idem. . .	3,320	
Idem — de Fourques — idem. . .	3,250	
Idem — de Lesquinaux — idem. . .	3,330	

Suite de la 9ᵉ Table.

DÉSIGNATION DES REPÈRES.	RAPPORT des repères à la basse - mer	*Obser-vations.*
Couronnement du pont–aqueduc de la rigole des Corrèges	2,110	
Bassin de Scamandre.		
Couronnement de la martellière de prise d'eau de Capette	3,830	
Radier	0,670	
Couronnement du barrage sur le canal de Capette, au midi de la Sylve.	2,000	
Seuil de la porte du salon de la métairie des Iscles.	1,730	
Radier du barrage en amont du pont des Iscles.	1,250	
Bassin de Lairan.		
Couronnement de l'écluse de Sylveréal . .	2,690	
Buscs	1,000	
Couronnement de la rigole des Fontanilles, à l'entrée du canal de Capette	2,000	
Radier	1,000	
Couronnement du pont du Daladel, sur la route d'Aigues-Mortes à Silveréal . . .	3,000	
Radier	1,000	
Radier des martellières qui longent les canaux de Sylveréal et du Bourgidou. . .	1,250	

10ᵉ Table.

CANAL DE BOUC.

Repères fournis par M. Collet, ingénieur des ponts et chaussées.

DÉSIGNATION DES REPÈRES.	RAPPORT des repères à la basse-mer	Observations.
		Voir Planche 12.
Zéro de l'échelle rhônométrique de l'écluse d'Arles	m 1,880	
Grandes crues.	7,000	
Radier amont de l'écluse de Montcalde, plafond du bief supérieur du canal . . .	1,330	
Radier aval de l'écluse de Montcalde, radier amont de l'écluse de l'Etourneau, niveau du plafond du bief intermédiaire . . .	1,000	
Radier aval de l'écluse de l'Etourneau, plafond du bief marin	2,000	

11ᵉ *Table.*

ALTITUDES OU HAUTEURS AU-DESSUS DU NIVEAU DE LA MER

mesurées à l'aide du baromètre

DANS LES ARRONDISSEMENS DU VIGAN ET D'ALAIS (GARD)

et dans quelques lieux circonvoisins,

PAR M. ÉMILIEN DUMAS,

membre de la Société géologique de France.

(Nota. Ces cotes de hauteurs, en nombres ronds, sont extraites des deux premières feuilles publiées de la carte géologique du département du Gard.)

C'est au moyen de deux baromètres construits avec beaucoup de soin et d'après le système de Fortin, que nous avons déterminé les diverses altitudes ou la hauteur absolue au-dessus du niveau de la mer des différens points du sol compris dans ce tableau.

Pour y parvenir, il a fallu d'abord trouver l'altitude du point où un de nos baromètres se trouvait en permanence, pendant que nous nous transportions avec l'autre sur les lieux dont nous voulions déterminer la position relativement à la station fixe. A cet effet, nous avons exécuté un nivellement de Sommières, où est située notre station sédentaire, à la borne 115 du chemin de fer de Nismes à Montpellier, placée près du Grand-Gallargues, et dont la hauteur au-dessus du niveau de la mer a été déterminée avec le plus grand soin, lors de la construction de ce

14

chemin, par une série de nivellemens partant d'Aigues-Mortes. (*Voir Planche* 12).

La borne N.º 115 se trouvant fixée à 16ᵐ 667 au-dessus de la mer, il en est résulté que notre station fixe placée dans notre cabinet, à Sommières, est située à 33ᵐ 750 au-dessus du même niveau.

Cette hauteur obtenue, nous en avons déduit facilement celle de chacun des autres points observés, puisque nos observations barométriques nous avaient fait connaître leur distance verticale à un plan horizontal passant par notre cabinet.

Les pressions barométriques ont été calculées d'après les tables d'Oltmanns, qui, comme on le sait, ont été dressées pour calculer les observations barométriques faites en Amérique par M. de Humbolt, et qui sont reproduites chaque année dans l'*Annuaire du Bureau des longitudes*.

L'exemple suivant fera comprendre comment on se sert de ces tables :

TYPE DE CALCUL.

Le 27 juin 1845, à 2 heures 40 minutes, notre baromètre portatif indiquait, au sommet de la montagne de l'Aigonal, une pression de 636 millimètres 10 $= h'$; le thermomètre du baromètre marquait $+ 17°6 = T'$, et le thermomètre libre $+ 16°6 = t'$.

Le même jour, à 2 heures, le baromètre stationnaire indiquait à Sommières une pression de 760 millimètres 45 $= h$; le thermomètre du baromètre indiquait $+ 22°5 = T$, et le thermomètre libre $+ 16°6 = t$.

Or, la 1re table d'Oltmanns donne pour le nombre h correspondant à 760 millimètres 45. 6155,2

Et pour le nombre h' correspondant à 636 millimètres 10 4733,4

La différence entre ces deux nombres donne . 1421,8

[1] 1re *Correction*. La table 11e donne pour T—T' $= 4^o$ 9 7,2

Différence ou hauteur approchée. . . 1414,6

[2] 2e *Correction* qu'on obtient en multipliant la millième partie de cette hauteur approchée 1,4146 par 2 $(t + t') = 81,6$. 115,4

3e *Correction*, due à la latitude. La table 111e donne pour 1530 et 44 4,6

Différence de niveau entre les deux stations barométriques 1534,6

Hauteur du baromètre au-dessus du niveau de la mer, dans mon cabinet, à Sommières . . . 33,7

1530,0

Enfin, altitude du point culminant de l'Aigonal, à l'ancien signal de Cassini 1568,3

---

[1] Si **T—T'** était négatif, ce qui arrive dans les cas anormaux où la température supérieure est plus élevée que la température inférieure, cette correction devient additive.

[2] Cette correction est additive ou soustractive, selon que 2 $(t + t')$ est positif ou négatif.

Suite de la 11ᵉ Table.

DÉSIGNATION DES REPÈRES.	ÉLÉVATION au-dessus de la mer.	Observations.
Arrondissement du Vigan (Gard).		
Aigonal, montagne au nord du Vigan. Som-met au signal de Cassini	m 1568	
Idem. Sommet dit la Ferrèze	1555	
Idem. Source de l'Hérault	1413	
Idem. Vallon de l'Hort-de-Dieu; seuil de la porte de la baraque	1304	
Aire-de-Coste (Lozère), montagne au nord de Vallerangue. Seuil de la porte de la ba-raque	1091	
Idem. Sommet au sud de la baraque . . .	1187	
Alzon. Seuil de l'église.	601	
Idem. Point culminant de la côte d'Alzon au-dessus du tunnel	696	
Angeau (Pic d'), montagne conique au sud-est de Montdardier	852	
Aulas. Seuil du temple	337	
Auglanou (Lozère), montagne au sud de Meyrueis	1059	
Baraque-de-Michel, commune de Saint-Sau-veur-des-Pourcils. Seuil de la porte . .	1148	
Barte, montagne au nord de Monoblet . .	521	
Banelles, montagne au nord-est de Saint-Hippolyte-le-Fort	449	
Baucels (Hérault), près Ganges. Seuil de l'é-glise ruinée donnant son nom à la com-mune	254	
Bez. Seuil de l'église	311	
Blandas. Dans le hameau, devant le château	650	
Idem. Sommet au nord-ouest de cette com-mune dit le Serre-du-Peyroou, au-dessus des Trestaulières	897	

Suite de la 11ᵉ Table.

DÉSIGNATION DES REPÈRES.	ÉLÉVA-TION au-dessus de la mer.	Obser-vations.
Bois-de-Paris, montagne au nord-ouest de Sommières. Point culminant de la montagne au Castelet.	238	
Idem. A l'entrée de la grotte	170	
Cabanis, bergerie au-dessus des mines de plomb de Durfort	302	
Campestre (Causse de). Seuil de l'église . .	769	
Camprieux, commune de Saint-Sauveur-des-Pourcils. Au milieu du village. . .	1121	
Cantobre (Aveyron), hameau de la commune de Nant, seuil de l'église. . . .	545	
Cap-des-Mourèses, point culminant du chemin du Vigan à Mandagout	580	
Carnas. Dans le jardin du château . . .	100	
Causse-de-la-Tessonne, au sud-ouest du Vigan. Sommet dit le Serre-de-Falguières.	789	
Causse-Begou. Sommet à l'ouest du village, point culminant du Causse	907	
Causse-Méjan (Lozère). Sommet dit le Roc-de-l'Ilon, au-dessus de Fraissinet-de-Fourques	1192	
Cézas. Sur la place du village	629	
Idem. Sommet au sud du village dit le Baguet ou le roc du Caila	736	
Col-Solidès (Lozère), à l'ouest de St-André-de-Valborgne	1022	
Col-de-Lasclié, sur la chaîne du Lirou, au-dessus du Cabaret	903	
Col-de-Mercou, route de Lassale à St-André-de-Valborgne	567	
Coutach, montagne au sud de Sauve. Sommet dit Piedcan ; sol du signal	477	
Idem. Sommet dit la Moutette.	427	
Idem. Sommet dit Serre-de-Leyris . . .	409	

Suite de la 11ᵉ Table.

DÉSIGNATION DES REPÈRES.	ÉLÉVA-TION au-dessus de la mer.	Obser-vations.
Dourbies. Niveau de la rivière, au-dessous du village	859	
Drus, montagne entre Anduze et St-Félix-de-Pallières	385	
Durfort. Sommet dit les Rocs, au-dessus de Font-del-Vert	276	
Esparon (Roc d'), à l'ouest du Vigan . .	671	
Espinassous, hameau de la commune de Lanuéjols, dans la cour du château. . .	877	
Fousanche (Bains de). Niveau de la source minérale.	114	
Fons (Lozère). Ferme de M. de Fenouillet, revers nord de la montagne de l'Aigonal; seuil	1129	
Fraissinet-de-Fourques (Lozère). Au milieu du pont	729	
Fressac. Dans les ruines du château . . .	365	
Ganges (Hérault). Sur la promenade. . .	161	
Gardon-d'Anduze (Lozère). Source de la branche dite Gardon-de-St-Jean, sous le mas des Crotes.	994	
Idem. Source au nord du Pompidou de la branche dite Gardon-de-Mialet. . . .	852	
Grotte-d'Angeau. A l'entrée	632	
Lacan-de-l'Hospitalet (Lozère). Sommet au sud du Causse, près la Bastide	1039	
Lafage, montagne au nord-ouest de Saint-Hippolyte-le-Fort. Point culminant . .	947	
Idem. Sommet au-dessus de Sounalou . .	800	
Lafous, moulin sur la Vis, entre Vissec et Madières. Niveau de l'écluse.	358	
Lanuéjols. Sur la place ; seuil de l'église neuve	902	
Latour. Sur le Causse-Noir ; sommet au nord de cette ferme.	1004	

Suite de la 11ᵉ Table.

DÉSIGNATION DES REPÈRES.	ÉLÉVA-TION au-dessus de la mer.	Obser-vations.
Lescoutet (Hérault), hameau de la commune de Gorniès. Sur le pont de la Vis.	211	
Lirou, montagne au nord-ouest de Lassale. Sommet dit Coste-Plane ou Fageas . . .	1180	
Idem. Sommet dit le Puech.	1179	
Mudières, hameau de la commune de Rogues, sur le pont situé à 19ᵐ au-dessus des eaux moyennes de la Vis.	237	
Massavaque (Lozère), village près la commune des Rousses	1029	
Meyrueis (Lozère). Sur la place	725	
Monjardin, hameau de la commune de Lanuéjols. Sommet dit Montredon . . .	1060	
Idem. Montagne dite le Cap-du-Devès . .	1207	
Mondardier. Sur la terrasse du château . .	641	
Montonlieu (Hérault). Dans le vallon . .	177	
Molières. Seuil de l'église	351	
Mouline (*La*), commune de Lanuéjols. Sur le pont situé à 9ᵐ 80 au-dessus des basses eaux du Trévézels.	740	
Nant (Aveyron). Au milieu de la place du Claux; socle du piédestal de la statue de Louis XVI	502	
Paliès. Au milieu du hameau, commune de Monoblet	447	
Idem. Sur le Serre-des-Tuilières, sommet entre Paliès et le mas de Lacan	503	
Pallières, chaîne de montagnes à l'ouest d'Anduze. Point culminant de la Grande-Pallière	443	
Perjuret (Lozère), Maison située au point culminant de la route de Meyrueis à Florac	1036	
Pié-Pounchu (Lozère), montagne à l'est de Meyrueis	1113	

Suite de la 11ᵉ Table.

DÉSIGNATION DES REPÈRES.	ÉLÉVA-TION au-dessus de la mer.	*Obser-vations.*
Pic-des-deux-Jumeaux, à l'ouest de Sumène. Sur le sommet oriental	534	
Pont-d'Hérault, route de Ganges au Vigan. Sur le pont situé à 9ᵐ au-dessus des eaux moyennes de l'Hérault	194	
Pradine, commune de Lanuéjols. Seuil de la porte du château	880	
Puech-de-Mar, montagne au sud de Saint-Hippolyte-le-Fort.	344	
Quissac. Au milieu du pont situé à 7ᵐ 10 sur les eaux du Vidourle	74	
Revens. Seuil de l'église.	789	
Roc-Mérigou. Sur le Causse au sud de Vissec; pied du roc	785	
Rogues. Seuil de l'église.	551	
Roque-Fourcade, tour ruinée au sud de St-Hippolyte-le-Fort.	266	
Roquedur. Sur le roc dit le Castelas . . .	616	
Idem. Sur le serre de Laussellette ou Pié-Privat, entre Roquedur et Saint-Bresson.	715	
Roque-d'Alais, montagne à l'ouest de Saint-Hippolyte-le-Fort.	517	
Saint-Bonnet, canton de Lassale. Dans la cour de l'ancien château	336	
Idem. Sur le serre de la Boriette, au-dessus des carrières de gypse	417	
Sainte-Croix-de-Caderle. Devant l'église. .	531	
Saint-Félix-des-Pallières. Sur la terrasse du château	302	
Saint-Hippolyte-le-Fort. Seuil de l'église .	176	
Saint-Jean-du-Bruel (Aveyron). Sur le pont situé à 12ᵐ 30 au-dessus des eaux moyennes de la Dourbie	531	
Saint-Jean-de-Buèges (Hérault). Seuil de l'église	164	

Suite de la 11ᵉ Table.

DÉSIGNATION DES REPÈRES.	ÉLÉVATION au-dessus de la mer.	Observations.
Saint-Laurent-le-Minier. Place du temple .	169	
Saint-Romans-de-Codières. Au pied de la tour	646	
Idem. Au col de Peyre-Plantade	662	
Sauclières (Aveyron). Au milieu du village.	750	
Séranne (Hérault), montagne au sud-ouest de Ganges. Point culminant.	915	
Idem. A la ferme de l'Euze.	443	
Sérayrède, commune de Vallerangue. Maison située aux eaux versantes du bassin des Deux-Mers. (C'est le point habité le plus élevé du département du Gard.) . .	1320	
Soudorgues. Seuil du temple	495	
Sounalou (Le Haut), hameau à l'est de Sumène. Seuil de la maison Villaret . . .	456	
Souquet, montagne au sud de Saint-Sauveur-des-Pourcils. Point culminant	1344	
Sumène. Sur le pont neuf	196	
Idem. Sommet à l'ouest de la ville, au nord-ouest du Puget.	501	
Idem. Point culminant de la route du Vigan dite la Coste	350	
Tabillon (Lozère), montagne entre Fraissinet-de-Fourques et Cabrillac.	1381	
Thaurac (Roc de) (Hérault), entre Ganges et Saint-Bauzille-de-Putois. Point culminant	473	
Tour (Montagne du), située à l'extrémité nord-ouest du Causse-de-Blandas . . .	984	
Trévézels. Confluent de ce torrent et de la Dourbie, près Cantobre	441	
Idem. Sous le pont de Trèves	544	
Idem. Sous le pont de la Mouline. . . .	729	
Trèves. Sur le pont situé à 10ᵐ sur les eaux du Trévézels	555	

Suite de la 11e *Table.*

DÉSIGNATION DES REPÈRES.	ÉLÉVA- TION au-dessus de la mer.	Obser- vations.
Trèves. Roc des Pruniers, au-dessus du village à l'est	946	
Tude (*La*), montagne au sud du Vigan . .	867	
Vallerangue. Sur le quai situé à 3^m 60 sur les eaux moyennes de l'Hérault. . .	356	
Valmy (*La*), commune de Saint-Martin-de-Corconac. A l'ancienne mine de fer . .	579	
Vidourle, rivière. A sa source, près Saint-Romans-de-Codières	499	
Vidourles, hameau dépendant de la commune de Sainte-Croix-de-Caderle . . .	529	
Vigan. Sur la place dite le Quai	224	
Vis, rivière. A son confluent avec l'Hérault.	150	
Idem. Son niveau au moulin de Lafous . .	358	
Idem. Son niveau sous le pont du Rieu, à Alzon	592	
Vissec. Sur la place devant le château . .	464	

Arrondissement d'Alais (Gard).

Aigladines, hameau de la commune de Mialet. Dans la rue devant l'auberge du Soleil-d'Or	390	
Anduze. Au milieu du pont situé à 9^m 75 au-dessus des basses eaux du Gardon . .	131	
Allègre. Sur la route de Lussan, sous le château	231	
Arbousset (*L'*), campagne près d'Anduze. .	216	
Arlindre, commune d'Allègre. Niveau de la source	124	
Assions (Ardèche). Seuil de l'église . . .	216	
Idem. Montagne des Assions ; seuil de la chapelle Saint-Apolline	336	
Augustines (*Les*), commune de Brouzet. Au milieu des ruines du cloître.	180	

Suite de la **11ᵉ** *Table.*

DÉSIGNATION DES REPÈRES.	ÉLÉVA-TION au-dessus de la mer.	*Obser-vations.*
Banne (Ardèche). Seuil de l'église . . .	276	
Idem. Point culminant des ruines du château	308	
Balmelles (Plaine des) (Lozère). Au nord-est de Villefort.	865	
Banassa, montagne au sud-ouest de Saint-Ambroix	504	
Banelles (Serre des) (Ardèche). Près du Mazel, commune de Banne.	502	
Barjac. Seuil de l'église	170	
Bérias. Devant le château de M. Jules de Malbos	132	
Beaudoin, montagne au sud-ouest d'Anduze.	408	
Bessège. Entrée de la galerie Saint-Illide. .	175	
Idem. Montagne de Rochesadoule ; point culminant du roc qui domine de 10ᵐ 50 le seuil de la chapelle St-Laurent	449	
Idem. Montagne entre le Travers-de-Bessège et le hameau de Boniol	431	
Idem. Montagne entre la chapelle Saint-Laurent et le hameau du Buis	420	
Bellepoële. Point culminant de la route royale N.º 106, entre Chambaurigaud et Genolhac	453	
Blachère (La) (Ardèche). Seuil de l'église .	285	
Blachère (Notre-Dame de la) (Ardèche). Seuil de l'église.	264	
Blannaves. Seuil de l'église.	394	
Idem. Serre de la Mourière, à l'ouest de Blannaves	534	
Blateiras, hameau de la commune de Generargues. 1ᵉʳ étage de la maison Roumajon, à l'endroit dit le Mazet	274	
Blatiès, hameau de la commune de Bagard. Devant la porte de la maison Savin. . .	331	

Suite de la **11ᵉ** *Table.*

DÉSIGNATION DES REPÈRES.	ÉLÉVA-TION au-dessus de la mer.	*Obser-vations.*
Bordezac. Seuil de l'église	450	
Bos (Mas du) ou de Pelissier, au sud d'An-duze	262	
Boucoiran, montagne dite le Grand-Rang , à l'ouest de cette commune	230	
Bouquet (Serre de). Sommet dit le Guidon .	631	
Branoux, hameau de la commune de Blan-naves. Seuil du temple	295	
Idem. Serre du Travès , au nord du village .	395	
Cabanne (*La*), montagne à l'ouest d'Alais. Au pied du signal	566	
Cabriès (Montagne de), dite le Clau-de-Ca-briéret, au sud-ouest de St-Jean-du-Pin.	411	
Cals, commune de Navacelle. Sur la mar-gelle du puits dit l'Aven-de-Cals . . .	130	
Camp-de-Sessenade (*La*), au sud de Ma-lons	1007	
Canan (*La*), près d'Anduze. Niveau de la rivière d'Ourne	170	
Candoulière (Plaine de la), au nord-est du mas Bousquet	151	
Cap-de-Rieusset, commune de Soustelle. Entrée de la grotte de ce nom	206	
Carnoulès, commune de Saint-Sébastien. Au milieu du hameau.	350	
Cassagnette, hameau de la commune de Laval	300	
Castelnau. Cour du château	182	
Causse-de-Vergognon (Lozère), à l'ouest de Villefort	913	
Causse-d'Elze, commune de Malons . . .	892	
Cèze. Etiage de cette rivière à l'usine de Bessège	167	
Idem. *Idem* à l'embouchure de Gagnière.	157	

Suite de la 11ᵉ *Table.*

DÉSIGNATION DES REPÈRES.	ÉLÉVA-TION au-dessus de la mer.	Obser-vations.
Cèze. Etiage de cette rivière sur l'écluse du moulin de Meyrannes	146	
Idem. *Idem* sous le pont de Saint-Ambroix.	135	
Idem. *Idem* sur l'écluse du moulin de St-Victor-de-Malcap	132	
Idem. *Idem* à l'embouchure de la Claisse .	112	
Idem. *Idem* sur l'écluse du moulin de Ferreirolles.	99	
Idem. *Idem* à l'embouchure du Rhône .	26	
Chaylar, château ruiné de la commune d'Aujac. Dans la cour.	593	
Chamades (Ardèche), montagne aurifère. Point culminant, sous le village de Malbos.	319	
Chambon (Commune du). Seuil de l'église .	260	
Idem. Etiage de la rivière de la Luech, sous le village	244	
Chambaurigaud. Sur le pont situé à 7ᵐ 50 au-dessus des eaux de la Luech	306	
Champelauson. Sommet au nord-est de cette montagne	653	
Chandelle (*La*), montagne entre Générargues et les Gypières, près d'Anduze . .	291	
Chassezac (Ardèche), rivière. A la jonction du Vallat-de-la-Rousse	280	
Idem. Au pontceau de Sallèles.	146	
Idem. A son confluent avec l'Ardèche . .	105	
Chibas (Ardèche). Point culminant de la route, entre ce mas et les Vans. . . .	260	
Collet-de-Villefort (Lozère). A la jonction de la route des Vans	635	
Col-de-la-Crouzette. Au sud-ouest de Portes.	599	
Col-Malpertus. Au nord du vallon de la Grand'Combe	392	
Concoules. Sur le pont de l'ancienne route .	636	

Suite de la 11ᵉ Table.

DÉSIGNATION DES REPÈRES.	ÉLÉVATION au-dessus de la mer.	Observations.
Corbessas (Mas des), commune des Salles-du-Gardon	296	
Coudounets (*Les*), montagne au nord de Saint-Julien-de-Valgalgues	414	
Courry. Seuil de l'église	288	
Croix-de-la-Rousse, commune de Malons. Sur l'escalier formant la base du piédestal de la croix	878	
Croix-des-Vents (Col de la), près Soustelle. Sur la route.	333	
Dourquier, montagne au nord de St-Jean-de-Valleriscle	549	
Elzède. montagne près le Collet, commune de Bordezac.	536	
Elzière (Ardèche), montagne au sud-ouest de la ville des Vans, à l'extrémité nord du bassin houiller d'Alais	454	
Ermitage, dit Saint-Julien-d'Ecosse, montagne au sud-ouest d'Alais	287	
Farau, montagne au sud de Saint-Jean-de-Valleriscle	493	
Ferreirolles, tour ruinée sur les bords de la Cèze, commune de St-Privat-de-Champclos	177	
Font-Nègre, source hydro-sulfureuse, près le mas Chabert.	187	
Idem. Sommet du coteau, au-dessus de la source	206	
Font-Pudente, source hydro-sulfureuse, commune d'Allègre	128	
Fourches (Vallat des). Sur la route de Saint-Ambroix aux Vans, à la limite du Gard et de l'Ardèche.	238	
Frigoulet (Ardèche), commune de St-Paul-le-Jeune. Sommet à l'ouest de ce hameau.	316	

Suite de la 11e Table.

DÉSIGNATION DES REPÈRES.	ÉLÉVA-TION au-dessus de la mer.	Obser-vations.
Fumades, hameau de la commune d'Allègre. Point culminant de la montagne, au sud-est	190	
Gagnière. Sa source sous Malons, à un petit pont	807	
Idem. Sa hauteur au hameau de la Plaisse .	551	
Idem. Sa hauteur sous le hameau de la Coste.	412	
Idem. Sa hauteur au pont de Gournier . .	258	
Idem. Sa hauteur au pont de Gagnière . .	205	
Idem. A son confluent avec la Cèze . . .	157	
Gardegiral (Ardèche), montagne à l'ouest de Banne	474	
Gardie (*La*), hameau de la commune de Rousson.	333	
Générargues. Seuil de la porte du temple .	163	
Genolhac. Sur la route, à la place. . . .	493	
Gourdouze (Lozère), hameau sur la montagne de la Lozère. A l'entrée supérieure du village	1267	
Goule (*La*) (Ardèche), gouffre près Vagnas.	202	
Grand'Combe. Maison d'administration; seuil de la porte de la cour.	255	
Idem. Montagne de la Grand'Combe, au-dessus du Massourier.	418	
Grand-Monteau (Ardèche), près Gros-Pierre. Point culminant de la chaîne de montagnes dite la Serre, qui s'étend de Saint-Brès à Samzon	530	
Lacan, montagne au sud d'Anduze . . .	412	
Lacan, montagne au nord de Mialet. A l'endroit dit les Roches; sommet du roc .	704	
Lagorce (Ardèche). Sur la route, vis-à-vis l'église, au pied de la croix	179	
Laval (Notre-Dame de). Seuil de l'église .	281	

Suite de la 11ᵉ Table.

DÉSIGNATION DES REPÈRES.	ÉLÉVA-TION au-dessus de la mer.	Obser-vations.
Lavalus, commune de Seynes. Dans le bois au sud de cette ferme.	336	
Lèbres (Pont des), près Banne. Sur la route de Saint-Ambroix aux Vans.	161	
Liquière (*La*), campagne dans la commune de Servas. Sur l'aire	233	
Loubarès, montagne au sud de la commune de St-Jean-du-Gard	412	
Lozère (Chaîne de la). Sommet dit le Roc-Malpertus ; signal de Cassini.	1683	
Idem. Roc des Aigles	1659	
Idem. Sommet dit Tête-de-Bœuf, au-dessus de la source du Tarn.	1621	
Idem. Sommet *idem*, au sud-est du précé-dent	1594	
Idem. Sommet du bois des Armes. . . .	1576	
Idem. Roc de Peyralte	1460	
Idem. Roc Rabuzat ou Clapier-du-Meunier, au nord-ouest de Concoules	1101	
Malbos. Seuil de l'église.	468	
Malons. Seuil de l'église.	877	
Idem. Sommet de la montagne dite la Gar-dette, au nord de Malons.	990	
Mas-Dieu. Sur la route, au milieu du village.	373	
Mas-Neuf, ferme située au point culminant du petit bassin houiller des Brousses et Molières.	418	
Matas (Baraque de l'exploitat.ᵒⁿ des houilles du). Bassin d'Olympie	242	
Mazac. Point culminant de la montagne au-dessus de ce hameau	283	
Mazel, hameau de la commune de Banne .	399	
Méjannes-lès-Alais. Seuil de l'église . .	144	
Méjannes-le-Clap. Seuil de l'église. . . .	302	

Suite de la 11ᵉ Table.

DÉSIGNATION DES REPÈRES.	ÉLÉVA-TION au-dessus de la mer.	Obser-vations.
Méjannes-le-Clap. Mas de Pernille au nord de cette commune	272	
Mentaresse (Ardèche). Point culminant de la route de Saint-Ambroix aux Vans, vis-à-vis ce village.	264	
Mialet. Sur le pont situé à 8ᵐ 50 sur les eaux du Gardon	169	
Idem. Entrée de la grotte à ossemens dite du Fort.	180	
Meyrannes. Seuil de l'église	199	
Mons. Seuil de l'église	214	
Montaigu, montagne près d'Anduze. . .	381	
Montalet (Château de). Seuil de la porte. .	277	
Monteils. Seuil du temple	191	
Idem. Sur la montagne dite Vié-Ciouta (ville ruinée)	244	
Montezorgues, hameau de la commune de Saint-Jean-du-Gard. Point culminant au nord-ouest, sur un tumulus gaulois . .	524	
Montèze, hameau de la commune de Saint-Christol.	153	
Navacelle. Seuil de l'église	188	
Ners. Partie supérieure du village, vis-à-vis l'ancien château	123	
Idem. Partie inférieure, à côté de la fontaine.	88	
Idem. Point culminant de la montagne au-dessus du tunnel du chemin de fer . . .	152	
Païolive (Ardèche). A l'entrée de ce bois, vis-à-vis Bérias	228	
Périès, commune de Soustelle. Seuil de la porte du château	469	
Idem. Sommet de la montagne qui le domine.	499	
Pereyrol, maison isolée, sur la route de Portes au Pont-de-Montvert	588	

Suite de la 11ᵉ *Table.*

DÉSIGNATION DES REPÈRES.	ÉLÉVA-TION au-dessus de la mer.	Obser-vations.
Pierremale, montagne près d'Anduze. Sommet dit la Baume-de-Trentenaille. . .	381	
Idem. Sommet dit Fort-Rohan	337	
Idem. Plaine de Pierremale, entre ces deux sommités	261	
Pierremorte, maison isolée près les mines de fer. Rez-de-chaussée.	340	
Pinède-de-Bordezac. Point culminant de la montagne	413	
Pinède-de-Portes, montagne formant le point culminant du terrain houiller dans le bassin d'Alais	747	
Plan-de-Pigerole (Ardèche), montagne au nord-ouest de la commune de St-Paul-le-Jeune	488	
Plos, hameau de la commune de St-Jean-du-Pin. Cour de la maison Fesquet. . .	277	
Pont-d'Arc, ou pont naturel (Ardèche). Sommet du pont situé à 59ᵐ au-dessus des eaux moyennes de l'Ardèche	133	
Pont de Palme-Salade, commune de Portes, sur la route royale N.º 106. . . .	349	
Portes. Sol de la cour du château. . . .	585	
Pradel (*Le*), commune de Laval. Sur la route, au milieu du village	386	
Puech (Ardèche). Sommet de la colline où est bâti ce hameau, commune de Banne .	294	
Robiac. Seuil de l'église.	175	
Rochebelle, près d'Alais. Sur la montagne, au-dessus des mines de Cendras . . .	274	
Rousson. Seuil de l'église	314	
Idem. Château de Rousson, seuil de la porte.	250	
Idem. Château ruiné.	401	
Rouvergne, montagne au sud-est de Portes .	698	
Ribaute. Seuil de l'église	121	

Suite de la 11e *Table.*

DÉSIGNATION DES REPÈRES.	ÉLÉVA-TION au-dessus de la mer.	Obser-vations.
Ribaute. Point culminant du serre de Ribaute, au-dessus du mas de Borne.	196	
Rieu, campagne au sud-est de la commune de Barjac	255	
Saint-Ambroix. Sur le pont à 11m 80 sur les basses eaux de la Cèze	147	
Idem. Point culminant de la montagne dite le Bois-de-la-Ville	291	
Idem. Base de la tour Gisquet.	215	
Saint-Cézaire-de-Gauzignan. Seuil de l'é-glise.	113	
Idem. Rivière de Droude, sur l'écluse du moulin Portal	85	
Saint-Bénézet. Seuil de l'ancienne église. .	179	
Saint-Brès. Seuil de l'église	207	
Idem. Point culminant de la montagne, au sud du hameau de Dieuse.	262	
Saint-Florent. Seuil de l'église.	269	
Saint-Germain, montagne près d'Alais. Som-met occidental	358	
Idem. Dans les ruines du couvent. . . .	338	
Saint-Jean-de-Ceirargues. Seuil de l'église.	181	
Saint-Jean-du-Gard. A la place couverte .	189	
Saint-Jean-du-Pin. Point culminant de la montagne appelée Bois-Commun, où sont les mines de houille	287	
Saint-Jean-de-Valériscle. Seuil de l'église .	227	
Idem. Devant la maison d'administration des mines de houille	211	
Saint-Julien, montagne près d'Anduze . .	321	
Saint-Julien-d'Ecosse, près d'Alais (voyez *Ermitage*)	»	
Saint-Julien-de-Valgalgues. Au bâtiment de la mine de couperose	225	

Suite de la **11e** *Table.*

DÉSIGNATION DES REPÈRES.	ÉLÉVA-TION au-dessus de la mer.	*Obser-vations.*
Saint-Julien-de-Valgalgues. Point culminant de la montagne où sont les mines de fer, dite le Serre-de-Fiogous	314	
Saint - Maurice - de - Cazevieille. Seuil du temple	172	
Saint-Paul-Lacoste. Seuil de l'église . . .	293	
Saint-Paul-le-Jeune (Ardèche). Seuil de l'église	268	
Idem. Sur le petit îlot de terrain houiller du vallat de Champ-Valz.	324	
Saint-Privat-de-Champclos. Seuil de l'église.	251	
Saint-Privat-des-Vieux. Seuil de l'église. .	188	
Saint-Sébastien, vieille chapelle sur une montagne au nord de Courry. Seuil . .	440	
Saint-Sébastien-d'Aigrefeuille. 1er étage du mas de Lay	300	
Idem. Sommet dit le Serre-Blanc, au nord du hameau de la Vigne	400	
Salavas (Ardèche). Point culminant de la montagne du Roc-de-Jau.	178	
Idem. Au mas de la Roche.	236	
Idem. Sur le pont situé à 17m 50 au-dessus de l'étiage de l'Ardèche	97	
Sallèles (Ardèche). Seuil de l'église . .	219	
Salles-de-Gagnières (*Les*). A l'orifice du puits de M. Lavernède, au sud-est du village	206	
Salle-Fermouse (Ardèche). Sur le chemin au-dessus de la maison Brahic	377	
Salindres, commune au nord-est d'Alais. Seuil de l'église	169	
Idem. Dans les ruines de la tour de Becmil .	215	
Sampzon (Arriège). Seuil de l'église. . .	308	
Idem. Sur le rocher au milieu des ruines du château	386	

Suite de la 11ᵉ Table.

DÉSIGNATION DES REPÈRES.	ÉLÉVA-TION au-dessus de la mer.	*Obser-vations.*
Sauvages, près Alais. Sommet dit le Serre-de-l'Eouzieiro, à l'est du château . . .	348	
Seynes. Seuil de l'ancienne église convertie en temple	269	
Souscantou, vieille tour de construction romane, près Saint-Jean-du-Pin . . .	285	
Sube, montagne au nord-ouest de Saint-Ambroix, près Courry	500	
Tarabias, commune de Chambon. Point culminant au-dessus du village . . .	510	
Taupussargues (Mas de), commune de Tornac	269	
Tavernes, hameau de la commune de Ribaute. Etiage du Gardon sous le moulin .	91	
Idem. Point culminant de la montagne à l'est du village.	163	
Tornac. Au pied du donjon du château ruiné	186	
Travès (Serre du) (voyez *Brannoux*) . .	»	
Trélis, commune de Saint-Florent. Partie supérieure du village, dans la cour de la maison Vacher.	479	
Trouillas, ancien château près la Grand' Combe. Seuil de la porte.	378	
Idem. Sommet au nord-est.	482	
Vagnas (Ardèche). Point culminant de la route de Vallon, à l'endroit dit Peyre-Plantade	257	
Valz (Bois de), montagne au nord d'Anduze. Point culminant au-dessus du hameau de Valz	362	
Vallon (Ardèche). Seuil de l'église . . .	121	
Vans (*Les*) (Ardèche). Sur la place de la Grave	172	

Suite de la 11e *Table.*

DÉSIGNATION DES REPÈRES.	ÉLÉVA-TION au-dessus de la mer.	*Obser-vations.*
Vézénobre. Au milieu des ruines de l'ancien château	213	
Idem. Point culminant à l'ouest de la commune, près le mas des Gardies	177	
Vialas (Lozère). Sur la place	627	
Idem. Au milieu du pont de la Planche, situé à 8^m au-dessus des eaux de la Luech.	531	
Villefort (Lozère). Place de l'Ormeau . .	593	
Idem. Tunnel de Bayard, sur le trottoir. .	575	

12ᵉ *Table.*

TABLEAU OROGRAPHIQUE

DES ROUTES ROYALES ET DÉPARTEMENTALES DU GARD,

DRESSÉ EN 1841.

Nous devons cette table à M. Dombre, ingénieur des ponts et chaussées, qui a eu la bonté de nous la communiquer.

Un semblable travail a été fait dans toute la 8ᵉ division des ponts et chaussées, suivant les instructions de M. Favier, inspecteur général, alors inspecteur de cette division, qui, au moyen de ces repères, reportés sur Cassini, a pu découvrir tous les grands tracés des routes nouvellement ouvertes dans sa division, et ceux soumis à l'approbation de M. le directeur général.

Sans ce travail, fait avec une rare persévérance et à peu de frais, l'œil de l'ingénieur le plus exercé n'eût pu découvrir les tracés les plus avantageux sous le rapport de l'économie de traction, etc.

Combien n'est-il pas à regretter que des repères généraux, et de la plus grande vérité, n'aient pas été faits antérieurement, pour faciliter et donner encore plus de précision aux nivellemens faits sous les ordres de M. Favier!

Que de grands projets seraient facilement conçus, si nous avions ainsi, sur cartes départementales, toutes les altitudes des points principaux, sommets de montagnes, cols, fonds des vallées, seuils des édifices, bornes kilométriques, etc., etc.!

Suite de la 12ᵉ Table.

DÉSIGNATION DES REPÈRES.	ÉLÉVA-TION au-dessus de la mer.	Obser-vations.
Routes royales.		
Route royale N.º 86 de Lyon à Beaucaire.		
Partie comprise entre le département de l'Ardèche et la route N.º 100.	m	
Etiage de l'Ardèche	38,60	
Origine de la route, borne N.º 0	51	
Le Saint-Esprit, borne N.º 32	51	
Pont St-Alyandre (112ᵐ après la borne 68).	68	
Baraque de Roquebrune (76ᵐ après la borne 84)	137	
Pont de Bagnols, borne N.º 136	49	
Sortie de Bagnols (22ᵐ après la borne 148).	78	
Borne N.º 156	58	
A 100ᵐ après la borne 196	83	
Borne N.º 218	70	
Route départementale N.º 1, borne 276. .	231	
A 163ᵐ après la borne 290 (avant Pouzillac).	200	
A 155ᵐ après la borne 300	224	
La Croisée, borne 400	28	
Route royale N.º 100, avant le pont de Remoulins	29	
Idem, au-delà du pont (20ᵐ après la borne 458)	25	
Route royale N.º 87 de Lyon à Béziers.		
Partie comprise entre la route N.º 86 et le département de l'Hérault.		
Embranchement de la route royale N.º 86 .	25	
Borne N.º 158	103	
Chemin de Montfrin, borne 136	72	

Suite de la 12ᵉ *Table.*

DÉSIGNATION DES REPÈRES.	ÉLÉVA- TION au-dessus de la mer.	*Obser- vations.*
	m	
Saint-Gervasy, borne 96	60	
Chemin de Marguerites, borne 60 . . .	53	
Route royale N.º 99	43	
Route départementale N.º 11	41	
Angle de l'hôtel du Luxembourg, à Nismes.	43	
Pavé de la cathédrale de Nismes	46,69	
Route départementale N.º 12	42	
Route départementale N.º 10	36	
Route départementale N.º 4	18	
Etiage du Vidourle	5,95	
Pont de Lunel	14	

Route royale N.º 99 d'Aix à Montauban.

Partie comprise entre Beaucaire et le dépar- tement de l'Aveyron.

1ʳᵉ PARTIE ENTRE BEAUCAIRE ET NISMES.

Beaucaire, étiage du Rhône	3,60	
Idem, borne 240	12	
Sommet de la borne 196	64	
Au bas de la montée de Sicard, borne 168 .	21	
Borne N.º 114	65	
Embranchement de la route N.º 87 . . .	43	

2ᵉ PARTIE ENTRE NISMES ET LE DÉPARTEMENT DE L'AVEYRON.

Nismes, au coin de la salle de spectacle . .	49	
A 90ᵐ après la borne 70; passage dans la vallée du Gardon	173	
Baraque de Trintignan, borne 120 . . .	142	
Borne N.º 146; passage dans la vallée du Vidourle	171	

17

Suite de la 12ᵉ Table.

DÉSIGNATION DES REPÈRES.	ÉLÉVA-TION au-dessus de la mer.	*Obser-vations.*
	m	
Borne N.º 202.	104	
A 59ᵐ après la borne 214	140	
Route royale N.º 110 (69ᵐ après la borne 220).	102	
Au pont de Courmes, borne 250	44	
A 160ᵐ après la borne 298.	95	
Quissac; embranchement de la route départe-mentale N.º 5	74	
Sauves; point culminant du pont	99	
Après le pont de Fayssine, borne 420 . .	124	
Borne N.º 440.	166	
Saint-Hippolyte; pont Largentesse . . .	167	
La Cadière, borne 516	237	
Limite orientale de l'Hérault	211	
Pont de Sumène, à Ganges.	161	
Limite occidentale de l'Hérault	173	
Pont d'Hérault	197	

Route royale N.º 107 de Nismes à Saint-Flour.

Partie comprise entre la route N.º 106 et le département de la Lozère.

Embranchement de la route royale N.º 106; sommet	»	
Avant la baraque de Fons, borne 96 . . .	90	
A 74ᵐ après la borne 144	216	
A 127ᵐ après la borne 160.	218	
Avant la baraque de Floutier (64ᵐ après la borne 190).	107	
Route royale N.º 110, à Lédignan (145ᵐ après la borne 242)	172	
Route départementale N.º 23 (157ᵐ après la borne 324)	133	

Suite de la 12ᵉ Table.

DÉSIGNATION DES REPÈRES.	ÉLÉVATION au-dessus de la mer.	*Observations.*
Route départementale N.º 3, à la Madelaine, borne 346	ᵐ 133	
Anduze; place de l'hôtel-de-ville, borne 378.	137	
Route départementale N.º 3, à Anduze . .	142	
Sommet de la côte des Argiliers (158ᵐ après la borne 408)	187	
Pont de Salindres.	164	
Borne N.º 478.	210	
Borne N.º 492.	185	
Saint-Jean-du-Gard, borne 516	198	
Borne N.º 540.	216	
Limite du département de la Lozère . . .	609	
Route royale N.º 110 de Montpellier au Puy.		
Partie comprise entre le département de l'Hérault et Alais.		
Origine de la route	23	
Pont de Sommières, borne 402	30	Etiage du du Vidourle, 22 mèt.
Route départementale N.º 10	28	
A 56ᵐ après la borne 372	54	
Pont d'Aigalade	40	
A 110ᵐ après la borne 348	77	
Borne N.º 336.	52	
Route royale N.º 99	102	
Sommet de la montée de Calvisson . . .	124	
Borne N.º 274.	92	
Près la croix de Montmuat	102	
Près le pont de Courmes (83ᵐ après la borne 230).	82	
A 55ᵐ après la borne 194	163	
Borne N.º 174.	124	

Suite de la 12ᵉ Table.

DÉSIGNATION DES REPÈRES.	ÉLÉVA-TION au-dessus de la mer.	Obser-vations.
	m	
Route royale N.º 107, à Lédignan . . .	172	
Route départementale N.º 23	119	
Passage du Gardon (étiage, borne N.º 106).	116	
Route départementale N.º 3	146	
Borne N.º 38	138	
Borne N.º 28	158	
Borne N.º 20	134	
Point culminant du pont d'Alais	143	
Route royale N.º 106	138	
Route royale N.º 100 d'Avignon à Montpellier.		
Partie comprise entre le Rhône et la route royale N.º 86.		
Etiage du Rhône à Avignon	13,36	
Origine de la route	32	
A 150ᵐ après la borne 16	90	
Borne N.º 32	69	
A 105ᵐ après la borne 48	96	
Borne N.º 80	62	
Sommet de la côte de Saze (30ᵐ après la borne 112)	147	
Borne N.º 136	156	
Borne N.º 150	153	
Borne N.º 194	22	
Pont de Remoulins, borne 210	25	Etiage du Gardon, 17 mètres.
Route royale N.º 86	25	
Route royale N.º 104 de Lavoulte à Alais.		
Partie comprise entre la route royale N.º 106 et le département de l'Ardèche.		
Embranchement de la route royale N.º 106.	152	
Chemin des mines de Saint-Julien, borne 32.	180	

Suite de la 12ᵉ Table.

DÉSIGNATION DES REPÈRES.	ÉLÉVA-TION au-dessus de la mer.	Obser-vations.
	m	
Sommet de la côte des Rosiers, borne 46 .	221	
Après le mas Lévesque (40ᵐ après la borne 74)	255	
Après le pont de Barrière sur l'Auzonnet, borne 108	186	
Vis-à-vis Larnac (153ᵐ après la borne 126).	241	
Pont de Bedron (150ᵐ après la borne 134).	220	
Sommet de la côte (40ᵐ après la borne 140).	238	
Saint-Ambroix (170ᵐ après la borne 164).	145	
Point culminant du pont	150	Etiage de la Cèze, 137 mètres.
Route départementale N.º 21	145	
Saint-Brès, borne 186	161	
Sommet de la côte du Vinçonnet (142ᵐ après la borne 206)	275	
Limite de l'Ardèche, borne 220	276	

Route royale N.º 106 de Nismes à Moulins.

Partie comprise entre Nismes et le département de la Lozère.

Embranchement sur la route royale N.º 99.	56	
Route royale N.º 107.	»	
Sommet de la Fougasse (182ᵐ après la borne 661)	164	
Pont de l'Orme (165ᵐ après la borne 92) .	97	
Sommet de la côte de l'Echelette (54ᵐ après la borne 108)	120	
Pont de la Vignasse, borne 148	62	
Boucoiran, borne 236	75	
Pont de Ners	94	
Sommet de la montée de Ners, borne 280 .	120	
Borne N.º 286.	97	

Suite de la 12e Table.

DÉSIGNATION DES REPÈRES.	ÉLÉVA-TION au-dessus de la mer.	Obser-vations.
Sommet de la montée des Trois-Perdrix, borne 322	m 157	
Pont d'Avesnes (36 m après la borne 350) .	121	
Route départementale N.º 2 (76 m après la borne 394).	144	
Alais; embranchement de la route royale N.º 110 (114 m après la borne 412). . . .	138	
Pont de Grobieu, route royale N.º 104 (123 m après la borne 442).	152	
Saint-Martin, borne 466	197	
Sommet de la montée des Drulhes . . .	256	
Ruisseau de Savagnac	244	
Mas-Dieu	382	
Fontaine Gaillard (ancienne route) . . .	352	
1er pont de la tuilerie	397	
A 120 m après la borne 540.	403	
Après le Pradel (chemin des mines, borne 562).	404	
Pont du Pontil	357	
La Fenadou; sommet.	381	
Pont de Palme-Salade sur l'Auzonnet . .	364	
Portes	576	
Chambaurigaud; pont de Luech	317	
Bellejoile	467	
Pont du Mas sur l'Homal	418	
Col de Lancize, point culminant. . . .	710	
Pont de Plagniol, 1re limite	451	
Pont sur la Cèze, 2e limite.	460	
Pont de Florigues; origine de la côte de l'Estrade	484	

Suite de la 12ᵉ Table.

DÉSIGNATION DES REPÈRES.	ÉLÉVA-TION au-dessus de la mer.	*Obser-vations.*
Routes départementales.		
Route départementale N.º 16.		
Origine de la route, au pont d'Hérault . .	197	Etiage de l'Hérault, 187 mètres.
Entrée du Vigan, borne 776	228	
Traverse du Vigan, borne 780	238	
Sortie du Vigan, borne 784	241	
Route départementale N.º 18	249	
A 104ᵐ après la borne 828.	277	
Borne N.º 848	342	
A 71ᵐ après la borne 856	297	
Pont d'Aumessas.	356	
Sommet du Capelié, limite du département.	807	
Route départementale N.º 1 de Nismes au St-Esprit.		
Origine de la route à Nismes, près les casernes	45	
Borne N.º 20	72	
Borne N.º 48	172	
Borne N.º 66	146	
Borne N.º 78	193	
Borne N.º 90	196	
Borne N.º 100	166	
A 112ᵐ après la borne 106	194	
Pont de Saint-Nicolas	49	Etiage du Gardon, 34 mètres.
Borne N.º 176	81	
Près le pont d'Essègnes, borne 194 . . .	56	

Suite de la 12ᵉ Table.

DÉSIGNATION DES REPÈRES.	ÉLÉVA-TION au-dessus de la mer.	Obser-vations.
Route départementale N.º 6.	m	
Borne N.º 214.	91	
Uzès , vis-à-vis l'esplanade, borne N.º 228 .	127	
Borne N.º 244.	73	
Borne N.º 290	135	
Après St-Hippolyte (164ᵐ après la borne 294).	131	
Borne N.º 310.	212	
A 86ᵐ après la borne 324	192	
Borne N.º 350.	175	
Route royale N.º 86	231	
Route départementale N.º 3 d'Alais au Vigan.		
1ʳᵉ PARTIE ENTRE LA PYRAMIDE ET ANDUZE.		
Embranchement à la Pyramide sur la route royale N.º 110	146	
Borne N.º 36	189	
Borne N.º 60	157	
A 170ᵐ après la borne 68	209	
Embranchement sur la route royale N.º 107, à Anduze	142	
2ᵉ PARTIE ENTRE LA MADELAINE ET SAINT-HIPPOLYTE.		
Embranchement de la route N.º 107 , à la Madelaine	133	
Bas de la côte de la Grenouille.	151	
Sommet de cette côte.	200	
Avant Durfort , borne 144.	159	
A 57ᵐ après la borne 222	205	
Sur le pont du Vidourle , à St-Hippolyte. .	175	

Suite de la 12ᵉ Table.

DÉSIGNATION DES REPÈRES.	ÉLÉVA-TION au-dessus de la mer.	Obser-vations.
Route départementale N.º 4 de Nismes à Aigues-Mortes.	ᵐ	
Embranchement sur la route royale N.º 87.	18	
Route départementale N.º 8.	6	
Saint-Laurent (100ᵐ après la borne 282) .	4	
Pont de Psalmodi (100ᵐ après la borne 316).	3	
Borne N.º 366	2	
Route départementale N.º 5 d'Anduze à Sommières.		
Embranchement sur la route départementale N.º 3	135	
Borne N.º 40	182	
Près Cabrières (140ᵐ après la borne 56) .	140	
Avant Villesèque (90ᵐ après la borne 70) .	153	
Quissac (route royale N.º 99).	74	
Pont de Brestalou, borne 194	63	
Sommet de la côte de Gailhan, borne 228.	113	
Pont de Quinquillan (97ᵐ après la borne 250)	41	
Sommet de la côte de Salinette (105ᵐ après la borne 266)	86	
Sommières ; embranchement de la route royale N.º 110	27	
Route départementale N.º 9 de Saint-Hippolyte à Florac.		
Sur le pont du Vidourle, à St-Hippolyte .	174	Étiage, 167,84.
Pont de la Cazelle (37ᵐ après la borne 26).	218	
A 40ᵐ après la borne 32	248	
A 96ᵐ après la borne 36	233	
Sommet de la côte de la Tourette . . .	387	

Suite de la 12ᵉ *Table.*

DÉSIGNATION DES REPÈRES.	ÉLÉVA-TION au-dessus de la mer.	*Obser-vations.*
	m	
Pont de Sinieu, borne 80	281	
Après le pont de la Baraquette.	264	
Route départementale N.º 17	279	
Lasalle, borne 104	278	
Sommet de Mercou	567	
Pont du Gros	290	Etiage, 282,89.
Pont de Semmane	317	Etiage, 307,81.
Pont de Saint-André-de-Valborgne . . .	423	Etiage, 417,00.
Route départementale N.º 10 de Nismes à Sommières.		
Embranchement sur la route royale N.º 87 .	36	
Pont des Poudres (50ᵐ après la borne 24).	52	
Sommet de la montée du Bois (140ᵐ après la borne 38)	106	
Borne N.º 60	100	
Baraque de Langlade, borne 70	107	
Borne N.º 76	137	
Borne N.º 106.	32	
Borne N.º 126, vis-à-vis Calvisson . . .	42	
Sommet de la montée de Coudourelle (150ᵐ après la borne 164)	98	
Borne N.º 172	79	
A 110ᵐ après la borne 198.	56	
Villevieille (150ᵐ après la borne 212) . .	100	
Sommières, route royale N.º 110. . . .	28	
Route départementale N.º 11 de Nismes à Arles.		
Partie comprise entre Nismes et le canal de Beaucaire.		
Embranchement de la route royale N.º 87 .	41	
Pont de la Linguena, borne 28.	29	

Suite de la 12ᵉ Table.

DÉSIGNATION DES REPÈRES.	ÉLÉVA- TION au-dessus de la mer.	Obser- vations.
	m	
Borne N.º 68 , vis-à-vis Bouillargues . . .	73	
Borne N.º 86	80	
Borne N.º 114	65	
Bellegarde , borne 160	8	
Pont sur le canal de Beaucaire.	7	Canal, 1,00.
Route départementale N.º 12 de Nismes à St-Gilles.		
Embranchement sur la route royale N.º 87 .	42	
Borne N.º 34	23	
Borne N.º 70	83	
Borne N.º 126.	93	
Borne N.º 148.	68	
Saint-Gilles , borne 188	4	
Extrémité de la route	2	Niveau du canal, 0,00.
Route départementale N.º 16 du pont d'Hérault à la Séreyrède.		
Partie comprise entre la route royale N.º 99 et la route départementale N.º 24.		
Embranchement sur la route royale N.º 99, au pont d'Hérault	197	
Pont de la Coste (58ᵐ après la borne 68). .	261	
A 133ᵐ après la borne 80	298	
Borne N.º 100.	296	
A 105ᵐ après la borne 108.	317	
Pont de Vallerangue , borne 154	360	
Pont de la Cout (30ᵐ après la borne 198. .	455	
La Séreyrède (144ᵐ après la borne 270) .	1307	
Route départementale N.º 24	1295	

Suite de la 12ᵉ *Table.*

DÉSIGNATION DES REPÈRES.	ÉLÉVA-TION au-dessus de la mer.	Obser-vations.
Route départementale N.º 17 d'Anduze à la Salle.		
	m	
Embranchement de la route royale N.º 107.	163	
A 33ᵐ après la borne 46.	242	
A 23ᵐ après la borne 62	210	
Embranchement de la route départementale N.º 9.	279	
Route départementale N.º 21 de Barjac à Villefort.		
Partie comprise entre la route royale N.º 104 à Saint-Ambroix et la route royale N.º 106 près Vielvic.		
Embranchement de le route royale N.º 104 .	145	
Planzolles (81ᵐ après la borne 14) . . .	167	
Borne N.º 20, à Meyranne.	151	
Sommet de la côte de Meyranne, borne 38 .	203	
Clayrac, borne 52.	159	
Borne N.º 62, avant la côte de Nevety . .	158	
Sommet de la côte (152ᵐ après la borne 68).	184	
Passage de Gagnière (étiage de la rivière) .	158	
Vis-à-vis Bessèges, borne 100	170	
Sommet de la côte de Lalle (138ᵐ après la borne 104)	205	
Pont de Lalle (52ᵐ après la borne 110) . .	173	
Bordezac, borne 144.	443	
Borne N.º 150.	414	
Limite orientale de l'Ardèche, borne 160 .	498	
La Fremigère (35ᵐ après la borne 166) . .	510	
Borne N.º 174.	463	
Limite occidentale de l'Ardèche (95ᵐ après la borne 184)	495	
Bedousse (95ᵐ après la borne 194) . . .	545	
A 66ᵐ après la borne 202	487	

Suite de la 12e *Table.*

DÉSIGNATION DES REPÈRES.	ÉLÉVA-TION au-dessus de la mer.	*Obser-vations.*
	m	
A 10m après la borne 218	545	
Pont d'Hiverne	364	
Borne N.° 272.	364	
A 161m après la borne 284.	397	
Pont de Brésis (85m après la borne 288). .	370	
A 75m après la borne 298	402	
A 72m après la borne 300	386	
Embranchement de la route royale N.° 106 .	439	
Route départementale N.° 24 du Vigan à Meyrueis.		
Embranchement de la route royale N.° 99 .	238	
A 168m après la borne 136.	1332	
A 115m après la borne 142.	1297	
La Luyette (160m après la borne 158) . .	1355	
Maison du Saint – Prélat (66m après la borne 206).	1224	
A 68m après la borne 214	1332	
Route départementale N.° 16 (98m après la borne 228	1295	
Baraque du sieur Michel (59m après la borne 248)	1157	
Pont de Devèze, borne 272.	1123	
Département de la Lozère (46m avant la croix de fer)	1189	
Nouvelle direction entre Bellejoile et le département de la Lozère.		
Bellejoile	464	
Pont sur l'Homal	472	
Col de Génolhac	559	
Col de Ballève.	637	
Col de Concoules.	643	
Col de Villefort	662	

15ᵉ Table.

CHEMIN DE FER DE MARSEILLE A AVIGNON.

DÉSIGNATION DES REPÈRES.	ÉLÉVA-TION au-dessus de la mer.	Obser-vations.
Arrondissement d'Avignon.		
Borne à l'extrémité du tracé, à la Petite-Hôtesse	m 17,635	
Socle de la porte d'entrée de la maison de garde A.	24,508	
Idem, C.	20,576	
Parapet gauche du déversoir des Pelouses .	20,728	
Angle sud-est du socle de la maison de garde de la Roque.	19,786	
Socle de la maison de garde, piquet 20, série 8	19,412	
Croix des Araignées.	19,728	
Parapet gauche du pont de la Jouverte . .	19,939	
Socle de la maison de garde de St-Martin .	19,775	
Socle de la maison de garde de la Croix-de-la-Lime	15,983	
Parapet gauche du pont de Gilles	15,075	
Socle de la maison de garde du Couvent . .	13,900	
Socle de la maison de garde de Fargier . .	12,043	
Socle de la maison de garde de Mallianin .	11,808	
Pont sur la route de Marseille à Tarascon, côté gauche.	11,374	
Socle de la maison de garde du Petit-Castellet	11,486	
Socle de la maison de garde de St-Véran. .	11,414	
Socle de la maison de garde du mas Teyssier.	11,153	
Socle de la maison de garde du Petit-Beaumont.	11,075	
Socle de la maison de garde de Parade . .	10,653	
Socle de la maison de garde de Saxy . . .	10,456	

Voyez Planche 12. — Les repères étaient rapportés (pour promptes études) à diverses échelles de la côte, mais ils ont été rectifiés et ramenés au zéro pris pour les chemins de fer du Gard, Aïssi, de la Grand'Combe à Alaï, à Nismes, Beaucaire, Arles, Marseille, Avignon, Valence, Lyon, le même zéro de basse-mer est pris pour point de comparaison, et de plus est à la même hauteur que celui du canal de Bouc.

Suite de la 13ᵉ *Table.*

DÉSIGNATION DES REPÈRES.	ÉLÉVA-TION au-dessus de la mer.	*Obser-vations.*
Borne-repère N.º 28.	5,206	
— N.º 29.	5,623	
— N.º 30.	7,840	
Arrondissement d'Arles.		
Borne-repère N.º 31.	6,258	
Socle de la maison de garde des Ségonnaux.	10,112	
Borne-repère N.º 32.	5,713	
Pont du canal de Craponne.	8,272	
Angle sud-ouest de la maison Viant . . .	3,538	
Sur le pied de la croix de la Batelle . . .	15,067	
Borne-repère N.º 36.	14,429	
Sur une marche de la croix du Coadjuteur .	15,738	
Borne-repère N.º 36 ²	15,368	
— N.º 37.	13,819	
— N.º 38.	10,069	
— N.º 39.	7,450	
— N.º 40.	5,176	
— N.º 41.	4,697	
— N.º 42.	5,798	
— N.º 43.	11,594	
— N.º 44.	16,301	
— N.º 45.	23,413	
— N.º 46.	21,569	
— N.º 47.	21,788	
— N.º 49.	24,487	
— N.º 50.	27,033	
— N.º 51.	28,507	
— N.º 52.	30,390	
— N.º 53.	32,022	
— N.º 54.	33,715	
— N.º 55.	35,870	

Suite de la 13ᵉ Table.

DÉSIGNATION DES REPÈRES.	ÉLÉVA-TION au-dessus de la mer.	Obser-vations.
Borne-repère N.° 56.	36,307	
— N.° 57.	39,159	
— N.° 58.	41,133	
— N.° 59.	42,497	
— N.° 60.	43,596	
— N.° 61.	44,906	
— N.° 62.	46,171	
— N.° 63.	47,719	
— N.° 64.	49,161	
— N.° 65.	43,924	
R. Z., sur le socle à gauche de la maison de garde d'Istres	47,216	
Borne-repère N.° 66.	47,687	
— N.° 67.	60,952	
— N.° 68.	40,990	
— N.° 69.	42,687	
Repère sur la terrasse de Versailles . . .	40,400	
Borne-repère N.° 70.	22,065	
— N.° 71.	34,594	
— N.° 72.	34,126	
— N.° 73.	21,793	
Repère sur un tronçon de croix en amont de Canet	9,848	
Borne-repère N.° 74.	27,566	
— N.° 75.	24,833	
— N.° 76.	24,842	
— N.° 77.	22,397	
Arrondissement de Marseille.		
Borne-repère N.° 78.	13,537	
— N.° 79.	14,234	
— N.° 80.	15,382	

Suite de la 13ᵉ Table.

DÉSIGNATION DES REPÈRES.	ÉLÉVA-TION au-dessus de la mer.	*Osber-vations.*
Borne-repère N.º 81.	17,895	
— N.º 82.	15,209	
— N.º 83.	14,456	
— N.º 84.	15,819	
— N.º 85.	19,807	
— N.º 86.	18,335	
— N.º 87.	14,614	
— N.º 88.	18,270	
— N.º 89.	24,435	
— N.º 90.	24,751	
— N.º 91.	24,873	
— N.º 92.	42,494	
— N.º 93.	35,873	
— N.º 94.	39,328	
— N.º 96.	38,053	
— N.º 97.	36,939	
— N.º 98.	48,896	
— N.º 99.	63,070	
Repère aux abords du puits N.º 2, à l'angle d'une maison	80,086	
Borne-repère N.º 100	89,537	
Repère aux environs du puits N.º 7, sur un rocher au bord du chemin de service. .	110,768	
Repère à 15ᵐ au nord du puits N.º 8, sur un rocher	131,753	
Borne-repère N.º 101	154,177	
Repère à 15ᵐ au sud-ouest du puits N.º 10, sur un rocher	140,470	
Repère à 10ᵐ au nord-est du puits N.º 14, sur un rocher	242,332	
Borne-repère N.º 102	216,538	
Repère sur un pilier d'alignement entre les puits 18 et 19.	170,657	
Borne-repère N.º 103	200,158	

19

Suite de la 13ᵉ *Table.*

DÉSIGNATION DES REPÈRES.	ÉLÉVA-TION au-dessus de la mer.	*Obser-vations.*
Repère à 5ᵐ est du puits N.º 22, sur un rocher	164,488	
Borne-repère N.º 104	68,893	
— N.º 105	61,350	
— N.º 106	51,702	
— N.º 107	51,842	
— N.º 109	75,255	
— N.º 110	51,104	
— N.º 111	52,325	
— N.º 112	47,822	
— N.º 113	50,879	
— N.º 114	44,446	
— N.º 115	45,937	
— N.º 116	48,406	
Embranchement de la Joliette.		
Repère R. J. sur le lavoir de M. Martin . .	34,101	
Repère R. J. chasse-roue à l'entrée de la rue Désirée	24,303	
Repère sur le seuil de la grande porte du lazaret	21,975	
Repère R. J. sur le poste des douanes. . .	8,092	

14ᵉ Table.

CHEMIN DE FER DE MARSEILLE A AVIGNON.

Embranchement d'Aix.

Liste des Repères ordonnés à un niveau de mer pris à 3ᵐ642 au-dessus du zéro de l'échelle à l'entrée du canal de Beaucaire.

DÉSIGNATION DES REPÈRES.	ÉLÉVA-TION au-dessus de la mer.	Obser-vations.
		Voir Planch. 12.
Repère A. U. aux abords de la Bastianne, côté nord du mur de souténement. . .	28,485	
Repère A. 3 sur un mur à côté d'une masure appelée le Bastidon	58,306	
Repère A. 6 sur la route de Berre à Aix, sur un chasse-roue près du château des Quatre-Tours	68,302	
Repère A. 8 sur la façade sud-ouest de la maison *Prends-toi-garde.*	78,977	
Repère A. 13 sur un gros rocher sur la rive gauche de l'Arc, un peu au-dessous du restaurant de Roquefavour	81,304	
Repère A. 14 sur la pile à gauche du chemin de Velaux à Aix, aqueduc de Roquefavour	89,273	
Repère A. 18 sur une grosse borne au bord du chemin de Velaux à Aix, en face de la maison de la Grande-Terre	118,630	
Repère A. 22 sur une borne à 10ᵐ du portail de l'enclos du château de Gallice .	136,951	
Repère A. 28 sur une pierre à l'angle nord de la campagne de Bellevue	177,522	
Repère A. 32 sur la croix de la mission d'Aix, bout du cours	184,106	

15ᵉ Table.

CHEMIN DE FER DE MARSEILLE A TOULON.

Repères principaux dus à M. Guillaume, ingénieur en chef, qui a daigné nous les communiquer.

DÉSIGNATION DES REPÈRES.	ÉLÉVA-TION au-dessus de la mer.	Obser-vations.
		Ces repères déterminent les pentes du projet.
Sur la limite des deux départemens, au-dessus du hameau du Lecquel	m 117,16	
Sur le ruisseau du Grand-Vallat, entre la Cadière et le Castellet.	77,97	
Avant le souterrain de Saint-Nazaire, en vue de la rade de Baudol	31,30	
Passage du seuil entre les montagnes des Six-Fours et du Castellet.	15,96	
Bord de la rade de Toulon, derrière la poudrière de Lagaubran	12,33	
Quinconce appartenant au génie militaire, à la porte de France, sous les murs de Toulon	4,30	

16ᵉ Table.

CHEMIN DE FER DE LYON A AVIGNON.

Repères de nivellement rapportés à un niveau de mer établi à 3ᵐ612 au-dessous du zéro du rhônomètre de Beaucaire.

DÉSIGNATION DES REPÈRES.	ÉLÉVA-TION au-dessus de la mer.	Obser-vations.
Partie entre Avignon et Valence.		Voir Planche 12.
	m	
Etiage sous le pont suspendu d'Avignon.	12,724	
Sur le mur du quai, en face de la porte des rochers de Dons	17,404	
Sur le parapet de la Roubine, jonction de la route royale N.º 7 avec le boulevard.	18,321	
A un angle de deux traverses	18,697	
Borne-repère vis-à-vis le piquet 50, 3ᵉ série	18,939	
— vis-à-vis le piquet 25, 4ᵉ série	19,216	
— vis-à-vis le piquet 50, 4ᵉ série	19,538	
— vis-à-vis le piquet 25, 5ᵉ série	19,976	
— vis-à-vis le piquet 50, 5ᵉ série	22,695	
— vis-à-vis le piquet 25, 6ᵉ série	20,576	
— vis-à-vis le piquet 50, 6ᵉ série	23,313	
— vis-à-vis le piquet 25, 7ᵉ série	24,828	
— vis-à-vis le piquet 50, 7ᵉ série	27,331	
— vis-à-vis le piquet 25, 8ᵉ série	23,359	
— vis-à-vis le piquet 50, 8ᵉ série	24,217	
— vis-à-vis le piquet 25, 9ᵉ série	25,554	
— vis-à-vis le piquet 50, 9ᵉ série	24,764	
— vis-à-vis le piquet 25, 10ᵉ sér.	26,800	
— vis-à-vis le piquet 50, 10ᵉ sér.	28,360	
— vis-à-vis le piquet 25, 11ᵉ sér.	26,970	
— vis-à-vis le piquet 50, 11ᵉ sér.	33,572	

Suite de la 16ᵉ Table.

DÉSIGNATION DES REPÈRES.	ÉLÉVA-TION au-dessus de la mer.	Obser-vations.
Borne-repère vis-à-vis le piquet 25, 12ᵉ sér.	36,522	
— vis-à-vis le piquet 50, 12ᵉ sér.	36,838	
— vis-à-vis le piquet 25, 13ᵉ sér.	35,977	
— vis-à-vis le piquet 50, 13ᵉ sér.	33,084	
— vis-à-vis le piquet 25, 14ᵉ sér.	31,343	
— vis-à-vis le piquet 50, 14ᵉ sér.	32,562	
— vis-à-vis le piquet 23, 15ᵉ sér.	25,542	
— vis-à-vis le piquet 50, 15ᵉ sér.	25,382	
— vis-à-vis le piquet 25, 16ᵉ sér.	26,733	
— vis-à-vis le piquet 50, 16ᵉ sér.	28,634	
— vis-à-vis le piquet 25, 17ᵉ sér.	29,805	
— vis-à-vis le piquet 50, 17ᵉ sér.	31,357	
— vis-à-vis le piquet 25, 18ᵉ sér.	33,499	
— vis-à-vis le piquet 50, 18ᵉ sér.	36,496	
— vis-à-vis le piquet 25, 19ᵉ sér.	35,174	
— vis-à-vis le piquet 50, 19ᵉ sér.	36,271	
— vis-à-vis le piquet 25, 20ᵉ sér.	37,886	
— vis-à-vis le piquet 50, 20ᵉ sér.	39,658	
— vis-à-vis le piquet 25, 21ᵉ sér.	40,977	
— vis-à-vis le piquet 50, 21ᵉ sér.	42,341	
— vis-à-vis le piquet 25, 22ᵉ sér.	44,910	
— vis-à-vis le piquet 50, 22ᵉ sér.	45,043	
— vis-à-vis le piquet 25, 23ᵉ sér.	45,799	
— vis-à-vis le piquet 50, 23ᵉ sér.	47,596	
— vis-à-vis le piquet 25, 24ᵉ sér.	56,727	
— vis-à-vis le piquet 50, 24ᵉ sér.	54,758	
— vis-à-vis le piquet 25, 25ᵉ sér.	50,847	
— vis-à-vis le piquet 50, 25ᵉ sér.	51,025	
— vis-à-vis le piquet 25, 26ᵉ sér.	50,880	
— vis-à-vis le piquet 50, 26ᵉ sér.	49,935	
— vis-à-vis le piquet 25, 27ᵉ sér.	49,073	
— vis-à-vis le piquet 50, 27ᵉ sér.	47,932	
— vis-à-vis le piquet 25, 28ᵉ sér.	45,646	

Suite de la 16e Table.

DÉSIGNATION DES REPÈRES.	ÉLÉVA-TION au-dessus de la mer.	Obser-vations.
Borne-repère vis-à-vis le piquet 50, 28e sér.	45,006	
— vis-à-vis le piquet 25, 29e sér.	44,494	
— vis-à-vis le piquet 50, 29e sér.	44,141	
— vis-à-vis le piquet 25, 30e sér.	43,321	
— vis-à-vis le piquet 50, 30e sér.	43,739	
— vis-à-vis le piquet 25, 31e sér.	45,556	
— vis-à-vis le piquet 50, 31e sér.	47,782	
— vis-à-vis le piquet 25, 32e sér.	48,603	
— vis-à-vis le piquet 50, 32e sér.	45,760	
— vis-à-vis le piquet 25, 33e sér.	45,743	
— vis-à-vis le piquet 50, 33e sér.	51,875	
— vis-à-vis le piquet 25, 34e sér.	46,054	
— vis-à-vis le piquet 50, 34e sér.	45,395	
— vis-à-vis le piquet 25, 35e sér.	42,188	
— vis-à-vis le piquet 50, 35e sér.	38,610	
— vis-à-vis le piquet 25, 36e sér.	39,292	
— vis-à-vis le piquet 50, 36e sér.	45,912	
— vis-à-vis le piquet 25, 37e sér.	41,852	
— vis-à-vis le piquet 50, 37e sér.	39,315	
— vis-à-vis le piquet 25, 38e sér.	44,407	
— vis-à-vis le piquet 50, 38e sér.	40,847	
— vis-à-vis le piquet 25, 39e sér.	45,171	
— vis-à-vis le piquet 50, 39e sér.	51,343	
— vis-à-vis le piquet 50, 40e sér.	50,160	
— vis-à-vis le piquet 25, 41e sér.	45,269	
— vis-à-vis le piquet 50, 41e sér.	50,701	
— vis-à-vis le piquet 25, 42e sér.	55,737	
— vis-à-vis le piquet 50, 42e sér.	54,328	
— vis-à-vis le piquet 25, 43e sér.	43,615	
— vis-à-vis le piquet 50, 43e sér.	45,323	
— vis-à-vis le piquet 50, 44e sér.	42,004	
— vis-à-vis le piquet 25, 45e sér.	42,138	
— vis-à-vis le piquet 50, 45e sér.	42,556	

Suite de la 16ᵉ Table.

DÉSIGNATION DES REPÈRES.	ÉLÉVA-TION au-dessus de la mer.	*Obser-vations.*
Borne-repère vis-à-vis le piquet 25, 46ᵉ sér.	42,465	
— vis-à-vis le piquet 50, 46ᵉ sér.	43,149	
— vis-à-vis le piquet 25, 47ᵉ sér.	43,642	
— vis-à-vis le piquet 50, 47ᵉ sér.	43,765	
— vis-à-vis le piquet 25, 48ᵉ sér.	44,430	
— vis-à-vis le piquet 50, 48ᵉ sér.	44,329	
— vis-à-vis le piquet 25, 49ᵉ sér.	44,490	
— vis-à-vis le piquet 50, 49ᵉ sér.	44,370	
— vis-à-vis le piquet 25, 50ᵉ sér.	44,203	
— vis-à-vis le piquet 50, 50ᵉ sér.	44,597	
— vis-à-vis le piquet 25, 51ᵉ sér.	44,810	
— vis-à-vis le piquet 50, 51ᵉ sér.	45,948	
— vis-à-vis le piquet 25, 52ᵉ sér.	46,136	
— vis-à-vis le piquet 50, 52ᵉ sér.	46,689	
— vis-à-vis le piquet 25, 53ᵉ sér.	47,047	
— vis-à-vis le piquet 50, 53ᵉ sér.	47,308	
— vis-à-vis le piquet 25, 54ᵉ sér.	48,290	
— vis-à-vis le piquet 50, 54ᵉ sér.	48,552	
— vis-à-vis le piquet 25, 55ᵉ sér.	49,466	
— vis-à-vis le piquet 50, 55ᵉ sér.	49,931	
— vis-à-vis le piquet 25, 56ᵉ sér.	50,602	
— vis-à-vis le piquet 50, 56ᵉ sér.	51,096	
— vis-à-vis le piquet 25, 57ᵉ sér.	51,663	
— vis-à-vis le piquet 50, 57ᵉ sér.	52,018	
— vis-à-vis le piquet 25, 58ᵉ sér.	53,190	
— vis-à-vis le piquet 50, 58ᵉ sér.	53,665	
— vis-à-vis le piquet 25, 59ᵉ sér.	53,626	
— vis-à-vis le piquet 50, 59ᵉ sér.	55,558	
— vis-à-vis le piquet 25, 60ᵉ sér.	55,438	
— vis-à-vis le piquet 50, 60ᵉ sér.	56,290	
— vis-à-vis le piquet 25, 61ᵉ sér.	56,624	
— vis-à-vis le piquet 50, 61ᵉ sér.	57,041	
— vis-à-vis le piquet 25, 62ᵉ sér.	57,532	

Suite de la 16ᵉ Table.

DÉSIGNATION DES REPÈRES.	ÉLÉVA-TION au-dessus de la mer.	Obser-vations.
Borne-repère vis-à-vis le piquet 50, 62ᵉ sér.	58,780	
— vis-à-vis le piquet 25, 63ᵉ sér.	60,532	
— vis-à-vis le piquet 50, 63ᵉ sér.	59,357	
— vis-à-vis le piquet 25, 64ᵉ sér.	58,731	
— vis-à-vis le piquet 50, 64ᵉ sér.	59,559	
— vis-à-vis le piquet 25, 65ᵉ sér.	58,279	
— vis-à-vis le piquet 50, 65ᵉ sér.	60,977	
— vis-à-vis le piquet 25, 66ᵉ sér.	63,302	
— vis-à-vis le piquet 50, 66ᵉ sér.	64,510	
— vis-à-vis le piquet 25, 67ᵉ sér.	58,769	
— vis-à-vis le piquet 50, 67ᵉ sér.	64,308	
— vis-à-vis le piquet 25, 68ᵉ sér.	67,503	
— vis-à-vis le piquet 50, 68ᵉ sér.	79,260	
— vis-à-vis le piquet 25, 69ᵉ sér.	74,163	
— vis-à-vis le piquet 50, 69ᵉ sér.	67,777	
— vis-à-vis le piquet 50, 70ᵉ sér.	74,911	
— vis-à-vis le piquet 50, 71ᵉ sér.	64,599	
— vis-à-vis le piquet 25, 72ᵉ sér.	75,360	
— vis-à-vis le piquet 50, 72ᵉ sér.	73,560	
— vis-à-vis le piquet 25, 73ᵉ sér.	72,302	
— vis-à-vis le piquet 50, 73ᵉ sér.	73,988	
— vis-à-vis le piquet 25, 74ᵉ sér.	74,856	
— vis-à-vis le piquet 50, 74ᵉ sér.	74,730	
— vis-à-vis le piquet 25, 75ᵉ sér.	76,695	
— vis-à-vis le piquet 50, 75ᵉ sér.	76,810	
— vis-à-vis le piquet 25, 76ᵉ sér.	77,303	
— vis-à-vis le piquet 50, 76ᵉ sér.	78,380	
— vis-à-vis le piquet 25, 77ᵉ sér.	80,251	
— vis-à-vis le piquet 50, 77ᵉ sér.	81,761	
Pierre droite, angle de propriété	81,075	
Socle de porte de la maison Nadal . . .	85,155	
Chasse-roue du portail de l'auberge du Pont.	88,188	
Chasse-roue est du pont de Roubion . . .	86,178	

20

Suite de la 16ᵉ Table.

DÉSIGNATION DES REPÈRES.	ÉLÉVATION au-dessus de la mer.	*Observations.*
Chasse-roue à l'octroi de Montélimar . . .	81,619	
Chasse-roue à l'angle des bains Faujas . .	80,591	
Chasse-roue à l'angle du jardin de Bonnaud, cafetier	77,218	
Borne kilométrique 141.	80,867	
Borne kilométrique 140.	79.771	
Borne kilométrique 139.	76,529	
Borne kilométrique 136.	83,218	
Borne kilométrique 135.	88,199	
Chasse-roue du pont du Fromage	87,847	
Chasse-roue du pont du Pot.	86,978	
Borne kilométrique 133	92,046	
Chasse-roue du portail de la poste aux chevaux, au village de la Coucourde . . .	93,606	
Borne kilométrique 132.	93,282	
Chasse-roue du ponceau des Peluches . .	89,365	
Sur un petit ponceau	84,864	
Borne kilométrique 130.	86,397	
Borne kilométrique 129.	81,692	
Borne kilométrique 128.	84,102	
Borne kilométrique 127.	86,976	
Borne kilométrique 126.	104,682	
Chasse-roue à l'entrée du village de Saulce.	108,794	
Borne kilométrique 125.	116,955	
Borne kilométrique 124.	132,581	
Borne kilométrique 123.	147,229	
Borne kilométrique 122.	131,479	
Borne kilométrique 121.	116,209	
Borne kilométrique 120.	110,889	
Chasse-roue angle de rue dans Loriol . .	109,654	
Borne à côté de la route, sortie de Loriol .	119,019	
Chasse-roue au milieu du pont de la Drome .	121,623	
Borne kilométrique 117.	114,371	

Suite de la 16ᵉ Table.

DÉSIGNATION DES REPÈRES.	ÉLÉVA-TION au-dessus de la mer.	*Obser-vations.*
Borne kilométrique 116.	107,862	
Borne kilométrique 115.	104,485	
Borne kilométrique 114.	101,684	
Sur un ponteeau près de la borne 113. .	100,076	
Chasse-roue à la 1ʳᵉ porte du côté d'Avignon, à Fiancey	101,640	
Borne kilométrique 112.	102,132	
Borne kilométrique 111.	104,637	
Borne kilométrique 110.	105,131	
Chasse-roue du pont de la Liaure	107,971	
Borne kilométrique 109.	106,886	
Borne kilométrique 108.	107,187	
Borne kilométrique 107.	107,580	
Borne kilométrique 106.	108,316	
Borne kilométrique 105.	111,498	
Borne kilométrique 104.	117,626	
Borne kilométrique 103.	118,393	
Borne kilométrique 102.	120,731	
Borne kilométrique 101.	119,652	
Borne kilométrique 100.	125,496	
Chasse-roue du ponteeau de la Cascade, entrée de Valence du côté d'Avignon. . .	123,113	
Chasse-roue à l'angle de la place.	124,127	
Dé de la rampe ouest du champ-de-mars. .	124,314	Ces repères, ainsi que ceux du chemin de fer de Marseille, ont été ramenés au même zéro de la basse mer, celui d'Aigues Mortes pris pour le chemin de fer du Gard, ou celui de Bouc, qui est le même.
Partie entre Valence et Lyon.		
De Valence à la bifurcation du chemin du Bourg-lès-Valence avec la route royale.		
Sur la dernière borne à l'angle nord-est du champ-de-mars	123,438	
Sur la pointe de diamant du dé gauche de l'abreuvoir, en face de la porte Neuve .	122,823	

Suite de la 16ᵉ Table.

DÉSIGNATION DES REPÈRES.	ÉLÉVA-TION au-dessus de la mer.	Obser-vations.
Sur une borne en face de la bascule . . .	126,438	
Sur le seuil de la maison N.° 51	126,690	
Sur une borne à l'angle nord-ouest de l'auberge de la Panacée-des-Voyageurs . .	126,161	
Sur l'angle sud-ouest du perron, à droite en entrant dans le café Besson	124,733	
Sur une borne à gauche de l'entrée de la propriété Paulin	119,468	
Sur la borne à l'extrémité du mur de clôture, à 100ᵐ environ de la colonne R. 16	113,454	
Sur la pierre supportant la petite colonne, à la bifurcation de la route du Bourg-lès-Valence avec la route royale	113,568	
Sur la marche la plus élevée de la croix du champ de foire du Bourg-lès-Valence .	112,453	
A 5ᵐ62 au-dessus de l'étiage, au rhônomètre	107,400	
Sur le mur de la cour du moulin Roux . .	113,903	
Sur le mur de la grille en fer du jardin des Petits-Sceaux	110,495	
Sur le socle de la borne au pied de la rampe du pont suspendu	109,786	
Sur le parapet du quai, amont du pont suspendu	108,298	
Sur le parapet du quai, à l'extrémité de la plus grande ligne droite située en face de l'arsenal	109,506	
Sur la lisse en fer, au-dessus de la dernière borne aval, quai du Bourg-lès-Valence .	108,180	
Sur le piton de l'anneau d'amarre vis-à-vis la maison Vacher	109,129	
Sur la borne à l'entrée du petit cabaret du Printemps-Perpétuel	108,390	

Suite de la 16ᵉ Table.

DÉSIGNATION DES REPÈRES.	ÉLÉVA-TION au-dessus de la mer.	Obser-vations.
Sur la borne placée à l'angle nord-ouest du jardin Watrin	112,521	
Etiage de Valence, d'après le rhônomètre .	101,780	
Valence, dessus de la pile de milieu du pont suspendu, d'après la carte de France . .	131,900	
Idem, idem, d'après nous	131,570	
Idem, le champ-de-mars	123,730	
Idem, promenade du Cagnard, près la Rue-Neuve	124,670	
Idem, idem, près la tour	125,920	
Idem, idem, près la porte Saint-Félix . .	126,330	
Idem, pavé de la porte Saint-Félix . . .	126,330	
Idem, écuries de l'artillerie contre le mur de ville	126,750	
Idem, bascule de la ville	126,530	
Idem, entrée du faubourg Saint-Jacques .	126,230	
Idem, faubourg Saint-Jacques, vis-à-vis la maison Dard	125,530	
Idem, champ-de-mars, angle sud-ouest .	125,080	
Idem, idem, angle nord-ouest	125,470	
Idem, idem, le point le plus élevé . . .	126,700	
Idem, route de Crest, vis-à-vis la rue Neuve-Saint-Jacques	125,470	
Idem, chemin de Faventine, avant la pension Second.	122,830	
Idem, idem, à la bifurcation au chemin du Vieillard	122,330	
Idem, faubourg Saunière, vis-à-vis l'hôtel de la Poste.	123,130	
Idem, place d'armes, vis-à-vis les casernes.	126,230	
Idem, entrée du Gouvernement	126,460	
Idem, à l'angle de la bibliothèque. . . .	126,230	
Idem, place Saint-Jean.	128,350	

Suite de la 16ᵉ Table.

DÉSIGNATION DES REPÈRES.	ÉLÉVA-TION au-dessus de la mer.	Obser-vations.
Valence, margelle du puits de Saint-Jean .	129,190	
Idem, margelle du puits sur la place d'armes, près la bibliothèque	127,780	
Idem, rue Saint-Félix, à la bifurcation de la rue Farnerie	127,930	
Idem, *idem*, *idem* avec la Grande-Rue . .	127,330	
Idem, place Napoléon	126,900	
Idem, place de la Pierre, trottoir à l'angle de la maison Pissère	126,880	
Idem, place des Clercs, trottoir à l'angle de la maison Dumas	124,800	
Idem, porte Saunière, trottoir de gauche en entrant	124,030	
Idem, sommet de l'escalier du quai du Rhône, amont du pont	108,910	
Idem, quai du Rhône, vis-à-vis l'arsenal .	108,680	
Idem, *idem*, vis-à-vis l'hôpital	108,730	
Idem, *idem*, à l'extrémité amont, vis-à-vis les fours à chaux	109,120	
Idem, champ de foire du Bourg	112,200	
Idem, place de Cornas, au Bourg . . .	111,460	
Idem, près l'église, à l'angle de la maison Charetier, au Bourg	114,030	
Idem, place des Encloses, au Bourg. . .	110,830	
Idem, place Pompiéry, près la maison Durry, au Bourg.	111,680	
De la bifurcation du chemin du Bourg-lès-Valence avec la route royale, au hameau des Combeaux.		
Sur la pierre supportant la petite colonne, à la bifurcation de la route du Bourg-lès-Valence avec la route royale. . .	113,568	
Borne kilométrique N.º 97, route royale de Paris à Antibes	113,850	

Suite de la 16ᵉ *Table.*

DÉSIGNATION DES REPÈRES.	ÉLÉVA-TION au-dessus de la mer.	*Obser-vations.*
Sur le bahut d'un aqueduc, côté ouest de la route royale	114,944	
Borne kilométrique N.º 96,500	115,071	
Borne kilométrique N.º 96	115,543	
Borne kilométrique N.º 95,500	114,743	
Sur le seuil de la porte d'entrée de la maison Maugiron	116,208	
Sur le seuil de l'auberge de la montée du Long.	124,440	
Borne kilométrique N.º 95	125,381	
Borne kilométrique N.º 94,500	128,387	
Borne kilométrique N.º 94	124,952	
Borne kilométrique N.º 93,500	124,067	
Seuil de la porte d'entrée de la baraque du sieur Crouzet, aux abords du chemin des Jonquettes	124,341	
A l'angle sud de la baraque du sieur Rochette, sur le socle en saillie de 0ᵐ03 sur le nu du mur	126,610	
Sur le seuil cassé de la baraque du sieur Vallon, au hameau des Combeaux. . .	118,089	
Sur le parapet du pont, côté sud, canal du Valentin.	114,434	
Sur une borne à l'angle nord d'une baraque, près le chemin.	114,626	
Sur une pierre à gauche en entrant dans la vigne, dont le portail se compose de deux pilastres et d'une porte à claire-voie . .	115,006	
Sur le seuil de la maison Vives. . . .	116,882	
Sur la margelle d'un puits au hameau des Combeaux	119,950	

Suite de la 16ᵉ Table.

DÉSIGNATION DES REPÈRES.	ÉLÉVA-TION au-dessus de la mer.	Obser-vations.
Entre le hameau des Combeaux et la rivière d'Isère.		
Sur un seuil cassé de la baraque du sieur Vallon, au hameau des Combeaux. . .	118,089	
Dans un petit chemin qui conduit à l'Isère, à l'ouest du domaine des Chaux, sur une petite borne de délimitation.	127,479	
Sur un caillou, à l'angle du chemin conduisant à la métairie des Chaux.	127,607	
Sur une petite borne de délimitation dans un chemin qui longe la partie haute de la rive gauche de l'Isère, entre les Chaux et Dianoux	124,149	
Sur la margelle d'un puits en face de la maison Thioulier, sur le petit chemin de Vaugrand	125,756	
Sur l'appui de la fenêtre d'une maison, au hameau de Vaugrand, sur le chemin, à 0ᵐ96 au-dessus du terrain	124,731	
Sur le seuil de la porte de la maison Vives, sur le chemin des Combeaux à Valence .	116,882	
Sur le chasse-roue de l'entrée de la basse-cour de la propriété Delandes	113,320	
Sur le côté de la maison Rochette, indiquant la hauteur des eaux du Rhône lors de l'inondation de 1840	112,415	
Sur un mur d'appui en pierre de taille, à droite en entrant dans la cour du domaine de Confoulens	119,812	
Côté aval du pont de la Roche, rive gauche, sur l'angle d'une ancienne ruine . .	112,784	

Suite de la 16ᵉ Table.

DÉSIGNATION DES REPÈRES.	ÉLÉVA-TION au-dessus de la mer.	Obser-vations.
A la hauteur de 2^m74 de l'Isèromètre situé en aval du pont de la Roche, culée droite, sur un piton qui maintient la règle graduée.	112,814	
Etiage de l'Isère au pont de la Roche. . .	110,074	
Idem au passage du chemin de fer, tracé Kermaingant	107,448	
Borne kilométrique N.° 92,500	126,124	
Borne kilométrique N.° 93,000	124,902	
Entre la rivière d'Isère et la limite des communes de Mercurol et de Tain.		
Sur un petit chemin tout près du Rhône. .	111,927	
Sur un caillou, à l'un des angles du chemin des Granges.	117,280	
Sur un seuil de porte de la maison Boet, sur le chemin des Granges	117,467	
Sur la 2ᵉ marche d'un escalier en pierre de la maison Belle, à 0^m62 au-dessus du terrain, dans le chemin, près le village de la Roche.	118,634	
Sur le seuil du grand portail de la cour du domaine d'Urre, près du Rhône . . .	117,360	
Sur l'angle ouest des fondations de la maison Sarrage, quartier des Iles	111,104	
Sur le seuil de la maison Richard, à l'angle d'un chemin, dans une prairie artificielle	111,370	
Sur le seuil de la porte de la maison Romain, sur le chemin de Saint-Jean au pont de l'Isère.	115,721	
Sur une limite de propriété à l'angle d'un chemin d'exploitation, au nord de la maison Raserable	118,584	

Suite de la 16e Table.

DÉSIGNATION DES REPÈRES.	ÉLÉVA-TION au-dessus de la mer.	Osber-vations.
Sur l'angle est de la maison Giroux, sur le chemin des Chassis, à 1ᵐ65 au-dessus du sol	119,374	
Sur le seuil de la porte de la maison Francon, façade nord.	116,420	
Sur la feuillure extérieure d'un appui de fenêtre gardée par des barres de fer, côté est de la maison Trouiller . . .	119,497	
Sur un mur du hangar du sieur Thomas. .	116,598	
Sur un seuil de maison au chemin des Couches	116,184	
Sur le seuil de la porte ouest de la maison Chabert, près le Rhône, sur le chemin des Couches.	117,128	
Sur le seuil de la porte du domaine des Couches	117,779	
Sur le parapet du mur en retour, côté est d'un pontceau près la maison Lauzier. .	120,691	
Sur la margelle du puits de la maison Torchaire	118,700	
Sur le seuil de la porte de la maison Deprelle, côté nord	118,439	
Sur le chasse-roue de la basse-cour de la propriété Saint-Georges	119,831	
Sur un caillou en saillie sur le mur nord de la maison Laurent.	131,765	
Entre la partie sud de Tain et le village d'Érôme, au piquet 70.		
Sur le seuil de la porte du jardin Champion, rue des Plantiers	118,823	
Sur un chasse-roue élevé de 0ᵐ56 au-dessus du sol, à l'angle ouest de la propriété Calvet, rue de l'Hermitage, à Tain . .	120,800	

Suite de la 16ᵉ Table.

DÉSIGNATION DES REPÈRES.	ÉLÉVA-TION au-dessus de la mer.	Obser-vations.
Sur le seuil de la porte du jardin Tracol, côté est de la rue des Bessards, à Tain. . .	119,560	
Sur la borne kilométrique 80,500 située à la rencontre du chemin de Vermandière avec la route royale, à l'angle du jardin Deloche, près d'une croix en bois . . .	119,844	
Sur une borne carrée située à la jonction du chemin de halage du Rhône et de la route royale, à l'est de Tain	122,378	
Piquet N.º 31 dans les terres, après la borne kilométrique 78,500	120,738	
— 32	120,830	
— 33	122,097	
— 34	121,961	
— 35	122,591	
— 36	123,297	
— 37	123,573	
— 38	122,537	
— 39	122,867	
— 40	122,916	
— 41	122,856	
— 42	122,535	
— 43	122,913	
Au hameau de Sainte, sur le seuil de la porte, côté du jardin, de la remise du sieur Rander	123,745	
Piquet N.º 44	123,254	
— 45	123,919	
— 46	124,492	
— 47	123,544	
— 48	122,854	
— 49	122,778	
— 50	122,935	
— 51	123,499	

Suite de la 16ᵉ Table.

DÉSIGNATION DES REPÈRES.	ÉLÉVA-TION au-dessus de la mer.	*Obser-vations.*
Piquet N.° 52	123,840	
— 53	124,189	
— 54	124,441	
— 55	125,325	
— 56	126,175	
— 58	127,881	
— 59	129,874	
— 60	128,708	
Entre le hameau de Sainte et Érôme, sur une pierre en saillie sur la margelle d'un puits en partie démoli	125,455	
Piquet N.° 65	124,868	
— 67	124,463	
— 68	124,300	
— 69	125,139	
— 70	124,170	
Entre Tain et Saint-Vallier.		
Borne kilométrique 80,000	121,184	
— 79,500	121,756	
— 79,000	123,579	
— 78,500	124,955	
— 78,000	127,100	
— 77,500	122,912	
— 76,500	124,393	
— 76,000	129,024	
— 75,500	124,612	
— 75,000	131,551	
— 74,500	135,325	
— 74,000	126,765	
— 73,500	126,870	
— 73,000	126,200	
— 72,000	125,510	

Suite de la 16ᵉ Table.

DÉSIGNATION DES REPÈRES.	ÉLÉVA-TION au-dessus de la mer.	*Obser-vations.*
Borne kilométrique 71,500	128,683	
— 71,000	130,676	
— 70,500	132,881	
— 70,000	133,493	
— 69,000	130,398	
— 68,500	127,865	
— 68,000	127,432	
— 67,500	130,386	
— 67,000	135,620	
— 66,500	135,016	
Sur une petite pierre dans un chemin parallèle à la ligne de Lyon, en contre-bas du village de Sainte	120,627	
Sur le seuil d'un hangar du sieur Berthier, sur le chemin de Serves	125,335	
Sur le seuil du café Parisien, dans la traversée de Serves	127,529	
Sur un chasse-roue à l'angle de la chaussée du Rhône, à 50ᵐ environ de la première maison au nord de Serves	125,193	
Sur une borne servant de chasse-roue sur un pont, à côté d'une fabrique de vernis. .	125,376	
Sur le parapet du mur en retour, côté est, d'un ponceau sur la route royale, près la maison Lauzier	120,691	
Sur un angle d'une prise d'eau à l'angle d'une prairie	124,541	
Sur un angle d'une prise d'eau, sur la limite ouest d'une prairie, à 110ᵐ environ au-dessous d'une maison blanche	123,441	
Sur une pierre de taille enfoncée dans la terre, en face de la porte de la maison Landre	121,681	
Sur le seuil de la porte au sud de la maison blanche, sur la route de Tain à Romans .	122,020	

Suite de la 16e Table.

DÉSIGNATION DES REPÈRES.	ÉLÉVA-TION au-dessus de la mer.	Obser-vations.
Sur le seuil de la porte au nord de la maison Lynos, route de Tain à Romans . . .	121,770	
Sur le seuil de la maison Terrasson, à l'est de la route de Tain à Romans	119,563	
Sur le seuil de la porte du jardin Champion, rue des Plantiers	118,823	
Sur un chasse-roue à 0m 56 au-dessus du sol, à l'angle ouest de la propriété Calvet, rue de l'Hermitage, à Tain	120,800	
Entre le piquet N.º 70, près de Serves, et le jardin de M. Igonet, près la rivière de Galaure, à Saint-Vallier.		
Piquet N.º 70	124,170	
— 71	124,400	
— 72	125,107	
Coteau de Serves, sur le chasse-roue à droite en entrant dans le domaine Faure, au nord de l'habitation (partie dominant le village de Serves	164,217	
Piquet N.º 96	128,086	
— 97	129,293	
— 98	130,512	
— 99	129,893	
— 100	131,374	
— 101	132,607	
— 102	125,520	
— 103	126,990	
— 104	128,480	
— 105	128,367	
— 106	128,619	
— 107	131,607	
— 108	132,311	

Suite de la 16ᵉ Table.

DÉSIGNATION DES REPÈRES.	ÉLÉVA-TION au-dessus de la mer.	Obser-vations.
Piquet N.º 109	136,147	
— 112	126,993	
— 113	128,329	
— 114	126,974	
— 116	128,629	
— 117	127,290	
— 118	127,744	
— 119	125,376	
— 120	125,737	
— 121	126,070	
— 122	126,183	
— 124	126,656	
— 125	126,434	
— 126	126,735	
Sur le socle de la culée gauche du pont suspendu de Saint-Vallier	130,105	
Sur une borne servant de parapet à la route royale, côté droit, à 100ᵐ environ de la fabrique de M. Oriol	134,199	
Sur le seuil de porte du moulin à farine de M. Labraème, côté droit de la route royale	127,392	
Sur le chasse-roue du fossé de la route royale, côté droit, à l'angle nord de la propriété de M. de Chabrillant. . . .	128,695	
Sur la porte du jardin de M. Igonet, sur le chemin qui longe le Rhône, côté amont de la rivière de Galaure	127,300	

Entre le pont de Saint-Vallier et le pont suspendu de Vienne.

Sur le seuil de la porte, à gauche en entrant dans la brasserie Graillat, à l'est de la route royale et au nord de St-Vallier .	134,540	

Suite de la 16ᵉ Table.

DÉSIGNATION DES REPÈRES.	ÉLÉVA-TION au-dessus de la mer.	Obser-vations.
Sur le parapet d'un pont, au-dessus de la clef amont, côté est de la route royale, entre les bornes 66,500 et 66,000 . . .	141,310	
Borne kilométrique N.º 66,000	141,393	
Borne kilométrique N.º 65,500	149,190	
Borne kilométrique N.º 65,000	142,063	
Sur le seuil de la porte du cabaret Giroud, au hameau de la Croix-des-Mailles, côté ouest de la route, entre les bornes 65,000 et 64,500	131,597	
Borne kilométrique N.º 63,500	132,553	
Borne kilométrique N.º 63,000	136,012	
Piquet, tronc d'arbre, N.º 150 de la série de M. Comte, géomètre, à 1000ᵐ environ de Saint-Vallier	127,740	
Rocher N.º 153, idem, idem	131,879	
Rocher N.º 154, idem, idem	134,683	
Rocher N.º 155, idem, idem	134,275	
Rocher N.º 156, idem, idem	136,187	
Sur une pierre en saillie sur le nu du mur, à l'est d'une petite baraque, au-dessous du hameau de Jamet, près la borne 63,000 .	132,868	
Sur le seuil de la porte de la maison Vizier, sur le chemin de Champagne, à l'est de la maison Coste, à 2000ᵐ environ aval d'Andancette	136,640	
Sur le socle du portail à droite en entrant dans la cour de la maison Coste. . . .	131,954	
Sur une pierre de fondation d'un mur en pisé, longeant la propriété Rosier, sur le bord est d'un chemin parallèle à la rivière de Bancel	134,654	
Sur le seuil de la porte, façade est d'une petite maison sur les coteaux d'Andancette	134,409	
Sur un chasse-roue à droite en entrant dans la cour d'un domaine situé au-dessous du Creux-de-la-Thine	131,853	

Suite de la 16ᵉ Table.

DÉSIGNATION DES REPÈRES.	ÉLÉVA-TION au-dessus de lamer.	Obser-vations.
Sur la 3ᵉ marche de l'escalier d'une petite maison attenante, côté est, au domaine de Ribes	144,243	
Sur un seuil de porte du domaine de la Taillandière, façade nord, à 1500ᵐ environ aval de Saint-Rambert	140,921	
Sur le seuil d'une maisonnette en pisé, située au milieu des terres, à côté d'un petit sentier qui conduit au Rhône, à l'aval de Saint-Rambert	141,246	
Sur l'angle d'un mur en pierre de taille, au bas d'une rue de Saint-Rambert qui se termine à la route royale	143,376	
Sur une pierre de taille d'une vanne située sur un canal d'irrigation, parallèle au fleuve et à la route, dans les prairies de Saint-Rambert, à 600ᵐ du village et à 100ᵐ du Rhône	136,359	
Sur l'angle de la porchaire attenante à l'habitation du sieur Bertaud, sur le coteau, au-dessus d'un moulin	144,598	
Sur le seuil de la porte de cour de la grange Pérol, à la jonction de deux chemins . .	141,684	
Sur un angle en pierre de taille d'une double vanne, à l'intersection de deux canaux d'irrigation, angle sud, en face du plus bas des quatre bâtimens construits près du Sinon	135,513	
Sur la plinthe à l'angle sud du mur en retour du pont de Sinon, tête aval.	143,220	
Sur le seuil de la porte à l'entrée du hangar, face nord, du domaine de l'Ilon, à 2,500ᵐ environ aval de Saint-Maurice	139,350	
Sur le chasse-roue à gauche en entrant dans la cour de la maison veuve Fournier, sur le chemin de Saint-Maurice à St-Alban-du-Rhône	156,396	

Suite de la 16ᵉ Table.

DÉSIGNATION DES REPÈRES.	ÉLÉVA-TION au-dessus de la mer.	*Obser-vations.*
Sur le socle du pied-droit de la porte de cour à gauche en entrant dans la propriété Chapa, à l'est de Saint-Alban, sur le coteau, en longeant le chemin de Saint-Maurice à Saint-Alban	156,015	
Sur le seuil de la porte du grenier à foin, façade est de la maison Payan, dans les plaines du Rafour, sur le chemin longeant la plaine; repère à 1ᵐ00 au-dessus du sol	147,234	
Sur le seuil de la porte principale de la maison Baudran, quartier des Iles, à 3,000ᵐ environ en aval de Vienne. . .	152,921	
Sur un chasse-roue à l'angle d'un chemin de traverse qui descend de la route et vient à l'angle de la maison Blanc (les Iles), à 3,000ᵐ environ de Vienne	149,513	
Sur le seuil du grand portail du domaine Couturier du Royas, sur le chemin parallèle à la route, quartier des Iles . . .	152,119	
Sur l'appui d'une croisée, face ouest d'une petite maison sur le chemin de traverse parallèle à la route, quartier des Iles, à 1,500ᵐ environ aval de Vienne. . . .	150,025	
Entre le pont de Saint-Vallier et le pont suspendu de Vienne.		
Borne kilométrique N.º 66,500, au faubourg de Saint-Vallier	135,016	
Sur les jambages d'une porte, au petit ruisseau faisant communiquer la route royale au Rhône, entre les bornes 66 et 66,500, au nord de Saint-Vallier.	129,445	
Sur un petit mur servant de parapet à une terrasse, au-devant de la porte côté est du domaine Moneron.	144,680	

Suite de la 16e Table.

DÉSIGNATION DES REPÈRES.	ÉLÉVA-TION au-dessus de la mer.	Obser-vations.
Sur le seuil de la porte de la maison Bombe, hameau de la Croix-des-Mailles . . .	133,431	
Borne kilométrique 64,500.	130,928	
Borne kilométrique 64,000	133,440	
Sur un chasse-roue à l'entrée d'une propriété, à 800^m environ du village d'Andancette.	137,516	
Sur le seuil de porte de la maison Vitoux, à 300^m environ du hameau de la Thine, côté nord	155,280	
Sur le seuil de la porte d'une maison inhabitée, côté droit de la route royale, appartenant au sieur Dianet, entre les bornes 57 et 57,500	156,498	
Borne kilométrique N.º 57,000	157,572	
Sur le seuil de porte du sieur Clut, dite maison Blanchet, entre les bornes 57 et 56,500	157,797	
Borne kilométrique N.º 56,500	158,144	
Borne kilométrique N.º 56,000	156,832	
Borne kilométrique N.º 55,500	157,640	
Borne kilométrique N.º 55,000	156,566	
Borne kilométrique N.º 54,500	151,997	
Sur le seuil de porte de la maison Perret, route royale, à 300^m environ côté amont du village de Saint-Rambert.	145,357	
Sur le parapet du pont de Saint-Rambert, route royale, à 800^m environ côté amont du village	141,070	
Sur un piquet planté au-dessous de la grange du sieur Nivon, entre deux vieux numéros, sur le côté est d'un petit sentier près la route départementale	137,800	
Sur l'appui d'une fenêtre du sieur Berne, au hameau de Truffet, appui élevé à 0^{m}70, à 3,000^m environ aval de Saint-Maurice .	150,965	

Suite de la 16ᵉ Table.

DÉSIGNATION DES REPÈRES.	ÉLÉVA- TION au-dessus de la mer.	Obser- vations.
Sur l'appui de fenêtre de la maison Lata, au haut du coteau qui domine la plaine, côté aval du village de Saint-Maurice . .	155,238	
A l'extrémité d'un mur de clôture, sur une pierre en saillie élevée à 0ᵐ40 au-dessus du chemin de Saint-Maurice au Rhône .	141,467	
Sur le socle d'une porte à claire-voie à gauche en entrant dans la maison Odier, sur la pente qui domine le coteau à l'ouest de Saint-Maurice	145,169	
Sur le seuil de la porte de la maison Gerbert, à 1,500ᵐ environ côté amont de Saint-Maurice, au bas du coteau	142,792	
Sur l'angle d'une pierre de taille située sur l'axe d'une double vanne, sur le canal du moulin du sieur Odier.	145,732	
Sur le seuil de porte d'une grange inhabitée, à 100ᵐ amont de Saint-Alban, appartenant au sieur Guerin	150,547	
Au-dessus de la clef d'un pont, sur le chemin de halage du Rhône, à 800ᵐ amont de Saint-Alban	143,024	
Sur le seuil de porte de la maison Montet dite Rafour, à 1,200ᵐ environ amont de St-Alban, près le chemin de halage du Rhône	147,740	
Sur le seuil de porte de la maison Marchand, sur le chemin qui longe la plaine du Rafour, en aval des Roches-de-Condrieux .	145,729	
Sur le piédestal de la croix de l'Ecu, sise sur le chemin du Péage aux Roches-de-Condrieux	159,210	
Sur le seuil de porte de la maison Richard, au chemin du But, en montant le coteau des Roches-de-Condrieux	157,408	

Suite de la 16ᵉ Table.

DÉSIGNATION DES REPÈRES.	ÉLÉVA-TION au-dessus de la mer.	Obser-vations.
Sur l'angle aigu d'une roche au niveau du sol, sur le prolongement d'un perron devant la maison Couturier, sur le coteau des Roches-de-Condrieux	158,041	
En amont des Roches-de-Condrieux, sur un mur couronné en pierre de taille, près le portail en fer côté sud du domaine du sieur Donnat	147,377	
Sur une pierre en saillie sur l'angle nord de l'habitation principale du domaine de l'Hôpital	146,987	
Sur le parapet d'un pont sur la route royale, au milieu du hameau du Grand-Pavé, élevé de 0ᵐ40 au-dessus de la route . .	159,343	
Sur le seuil de porte d'une maison blanche appartenant au sieur Rabot, à l'est de la route.	162,815	
Borne kilométrique N.º 32	158,140	
Borne kilométrique N.º 31	151,767	
Sur la borne sud d'un ponteau construit sur la route royale, à l'est de la route, entre les bornes kilométriques 31 et 30 . . .	153,353	
Borne kilométrique 30	155,140	
Borne kilométrique 29	151,744	
Borne kilométrique 28	154,647	
Sur une borne à l'angle sud de la plate-forme de la bascule, la plus rapprochée de la culée du pont suspendu de Vienne. . .	156,660	
Entre le pont suspendu de Vienne et le quartier des Iles, à 6,000 mètres environ de Vienne.		
Sur une borne située à l'angle sud de la plate-forme de la bascule, la plus rapprochée de la culée du pont suspendu, à côté d'une borne inclinée.	156,660	

Suite de la 16ᵉ Table.

DÉSIGNATION DES REPÈRES.	ÉLÉVA-TION au-dessus de la mer.	*Obser-vations.*
Tablier du pont suspendu, sur la voie charetière, à côté du bureau de recette . .	156,697	
Sur le parapet du quai, au-dessus du rhônomètre de Vienne	157,574	
A la hauteur de 8ᵐ00 de la règle graduée (rhônomètre de Vienne)	152,567	
Ordonnée de l'étiage au rhônomètre de Vienne	144,567	
Ordonnée des hautes eaux de 1840, à Vienne	152,123	
Hauteur des hautes eaux au rhônomètre . .	7,786	
Sur la marche du piédestal de la croix, au faubourg nord de Vienne	152,572	
Borne kilométrique N.º 26	151,720	
Sur un chasse-roue à la rencontre de deux chemins, à l'angle nord de la maison Sicard, à 1,500ᵐ environ amont de Vienne	158,080	
Sur le seuil de la porte du jardin de M. Fourier, sur le chemin de Givors à Vienne, à 2,500ᵐ amont de Vienne . ‹.	153,973	
Sur le socle du portail de la Grand'Grange, côté sud de l'auberge Rivel, au-dessous de la montagne, à 3.500ᵐ de Vienne . . .	154,075	
Sur un chasse-roue à droite en entrant dans la cour de la propriété Reymond, à côté du pied-droit de la porte en fer ; repère élevé à 0ᵐ80 du sol	153,130	
Sur le parapet du Rhône, à 800ᵐ environ amont du pont suspendu de Vienne. . .	153,188	
Sur le seuil de la porte en fer de la propriété Privat, côté du Rhône, sur la route royale, à 800ᵐ environ amont de Vienne	153,600	

Suite de la 16ᵉ Table.

DÉSIGNATION DES REPÈRES.	ÉLÉVA-TION eu-dessus de la mer.	Obser-vations.
Sur le seuil d'une porte à claire-voie de la maison Berger du Joly, au hameau d'Estressin	159,837	
Sur le seuil de porte du jardin Fauchet, près d'un petit ruisseau qui aboutit au Rhône, à 500ᵐ environ du hameau d'Estressin .	161,255	
Sur une entaille circulaire faite sur un rocher en aval du quartier des Iles, à la jonction du chemin de halage du Rhône .	153,394	
Entre la maison Raymond, commune de Vienne, et la Guillotière, à Lyon.		
Sur une borne à l'entrée du jardin Raymond	153,130	
Sur la 2ᵉ marche de l'escalier qui conduit dans la chambre qui est au-dessus de l'écurie de l'hôtel de la Marine.	153,341	
Sur un rocher au bord du chemin de halage du Rhône	154,806	
Sur un rocher au bord du *idem*, près de la bifurcation dudit chemin et du chemin de Vienne à Chasse	153,932	
Sur un pieu fourchu à l'entrée du hangar de la tuilerie du sieur Laurent	153,823	
Sur un chasse-roue à la bifurcation d'un chemin d'exploitation et du chemin de Vienne à Chasse.	153,327	
Sur la 1ʳᵉ marche de l'escalier de la maison du sieur Champin.	153,712	
Sur un chasse-roue à l'entrée du clos Recourdon.	154,457	
Sur le dé du limon de l'escalier de la maison Guerier	154,516	
Sur un chasse-roue à la bifurcation des chemins de Charnevaux et du Petit-Chasse .	158,050	

Suite de la 16ᵉ Table.

DÉSIGNATION DES REPÈRES.	ÉLÉVA-TION au-dessus de la mer.	*Obser-vations.*
Sur la 1ʳᵉ marche de l'escalier de l'auberge Poncet, à Flévieux (les hautes eaux , en 1840 , ont affleuré cette marche) . . .	156,778	
Sur la couverte d'un aqueduc , tête amont, de la route départementale N.º 16 , dans le hameau de Grabbaton.	160,885	
Sur la couverte d'un aqueduc , tête aval, de ladite route départementale N.º 16 . .	160,903	
Sur le seuil de la maison Moussy	161,052	
Borne kilométrique N.º 2 de la route dépar- tementale N.º 16	159,382	
Borne kilométrique N.º 3 *idem*	161,169	
Borne kilométrique N.º 4 *idem*	161,380	
Sur la couverte, tête aval, d'un petit aque- duc de ladite route	160,957	
Sur la couverte , tête aval, de l'aqueduc de Treton sur ladite route	160,894	
Borne kilométrique N.º 5, route départe- mentale N.º 16.	161,348	
Borne kilométrique N.º 6, *idem*	163,227	
Sur la couverte d'un petit aqueduc de ladite route.	161,000	
Sur le seuil de porte de la maison Puzin. .	162,466	
Sur la borne d'un pont construit sur l'Ozon , à l'amont du pont, rive droite	159,506	
Sur le milieu du seuil de la fenêtre nord d'une maison inhabitée	159,339	
Sur un piquet placé au-dessous du clos du sieur Ruf	161,323	
Sur un gros bloc de pouding au pied du coteau	160,285	
Sur une borne de délimitation au milieu des champs	158,855	
Sur une pierre enfoncée au niveau du sol , à l'angle ouest de la maison Poulet . . .	160,601	

Suite de la 16ᵉ Table.

DÉSIGNATION DES REPÈRES.	ÉLÉVA- TION au-dessus de la mer.	*Obser- vations.*
Sur un chasse-roue à l'angle sud de la maison Darcieux	162,483	
Sur le seuil de porte de la maison Perret. .	164,426	
Sur le seuil de porte de la maison Rivière .	161,397	
Sur une marche d'escalier au-dessous du seuil de la porte du sieur Perin. . . .	160,818	
Sur une borne de délimitation placée à la bifurcation d'un chemin	159,602	
Sur le seuil d'une petite porte ouvrant dans le clos du sieur Achard	161,799	
Sur le piton en fer d'un portail ouvrant dans un clos complanté de vignes.	161,263	
Sur un chasse-roue placé devant la maison Fayard	161,276	
Sur le seuil de porte de la maison Micoud .	161,950	
Sur le seuil de porte de la maison Bione .	168,806	
Sur l'angle nord de la tuilerie du sieur Bione.	172,285	
Sur le seuil de porte de la maison Payan .	172,345	
Sur le seuil de porte de la maison Breton .	167,709	
Sur une borne de délimitation en face d'une petite porte de l'enclos St-Jean-de-Dieu .	162,677	
Sur une borne de délimitation au détour d'un angle droit formé par le chemin des Balonnières, près la maison Taillon . . .	162,855	
Sur le seuil du portail de la grange du sieur Blanc	163,536	
Entre la Guillotière et la maison Raymond , commune de Vienne.		
Sur une pierre adossée à un mur de soutènement longeant le chemin de Givors à la maison Raymond	153,035	
Sur une pierre élevée de 0ᵐ60 au-dessus du sol , en face d'une maison située sur le chemin de Vienne à Givors, près du Rhône	153,432	

Suite de la 16ᵉ Table.

DÉSIGNATION DES REPÈRES.	ÉLÉVA-TION au-dessus de la mer.	Obser-vations.
Sur la 2ᵉ marche d'un perron placé devant la maison Liotard, à côté d'une tuilerie .	153,055	
Sur une borne à l'angle d'une maison appartenant au sieur Marillac, au village du Petit-Chasse	158,880	
Sur un chasse-roue élevé de 0ᵐ70 au-dessus du sol, placé sur une passerelle traversant un petit ruisseau.	160,549	
Sur la 3ᵉ marche d'un perron devant la maison Grégoire	168,640	
Sur le seuil de porte de la maison Godard .	161,236	
Sur le seuil de porte de la maison Chavain, dans le village de Venissieux.	161,270	
Sur le seuil de porte de la maison Ginet-Massard	164,883	
Sur le seuil d'une bergerie appartenant au sieur Carté, au village de Feysin . . .	168,281	
Sur une borne élevée de 0ᵐ60 au-dessus du sol, dans un chemin allant aux Iles . .	162,900	
Sur un seuil de porte donnant dans un jardin appartenant au sieur Perron. . . .	160,424	
Sur une pierre taillée en forme de balustre élevée de 0ᵐ60 au-dessus du sol, quartier des Iles	160,769	
Sur le seuil de porte d'une baraque en pisé située au bas d'un coteau.	162,097	
Sur le seuil de porte de la maison Ronces, donnant sur le chemin de la Guillotière à Venissieux	162,249	
Sur le seuil de porte de la maison Christophe, donnant sur le chemin de Guetlan . . .	164,001	
Sur le seuil de porte de la maison Vannel, à côté d'une tuilerie donnant sur le chemin de Guetlan	162,886	
Sur une borne cassée à l'angle d'un mur de clôture, sur le chemin de Guetlan . . .	163,693	

Suite de la 16e Table.

DÉSIGNATION DES REPÈRES.	ÉLÉVATION au-dessus de la mer.	Observations.
Sur le seuil de porte de la maison Guignon, sur le petit chemin de Guetlan	163,467	
Sur une borne appuyée contre un mur de clôture, élevée au-dessus du sol de 0^{m}70.	163,546	
Sur le seuil d'une porte pratiquée dans un petit mur d'appui, devant la maison Lapeyre, sur le chemin de Guetlan . . .	163,780	
Hautes eaux du Rhône en 1840, indiquées sur le montant d'une grande porte, en face du repère N.º 62	154,615	
Entre le repère 100 de la commune de la Guillotière et le pont de la Guillotière, à l'entrée de Lyon.		
Sur le seuil de porte d'un jardin appartenant au sieur Callonge	163,053	
Sur un chasse-roue, à l'angle du chemin de la Sucaronne, à 0^{m}44 au-dessus du sol .	163,004	
Sur une borne au détour d'un chemin, à 0^{m}52 au-dessus du sol	164,690	
Sur une borne placée en face d'un des bureaux d'octroi de la Guillotière, et sur un pont construit sur le fossé d'enceinte du fort Colombier, à 0^{m}70 au-dessus du sol.	163,778	
Sur un chasse-roue placé à l'angle d'une maison située sur le petit chemin de Bechevelin, à 0^{m}60 au-dessus du sol . . .	163,937	
Sur le seuil de porte de la maison Champin, sur le chemin de Bechevelin.	164,909	
Sur un chasse-roue à l'entrée du cours des Brosses, à la Guillotière, à 0^{m}60 au-dessus du sol	168,592	
Sur un chasse-roue en face du bureau d'octroi de la ville de Lyon, et à l'entrée du pont à gauche de la Guillotière, à 0^{m}50 au-dessus du sol.	173,013	

Suite de la 16ᵉ Table.

DÉSIGNATION DES REPÈRES.	ÉLÉVATION au-dessus de la mer.	*Observations.*
Hautes eaux de 1840 prises au pont de la Guillotière	166,138	
Etiage pris au pont de la Guillotière . . .	160,658	
Entre le pont de la Guillotière sur le Rhône, et le cours Morand aux Brotteaux.		
Grande rue de la Croix, sur un chasse-roue en face de l'église de la Guillotière. . .	165,489	
Sur le chasse-roue d'un reverbère, au centre de la place du marché aux grains, dans la grande rue de la Croix	168,631	
A la jonction des chemins de la Vierge avec la route de Villeurbanno, tout près le fort de ce nom	171,246	
A la jonction du chemin vieux et neuf du Sacré-Cœur, sur la tête d'un aqueduc, à l'est de la Guillotière	165,984	
Sur la partie en saillie d'un chasse-roue à l'angle d'un mur de clôture, tout près du bâtiment de la caserne d'artillerie de la Part-Dieu	165,075	
A l'angle de la maison Muller, au chemin de Saint-Antoine, tout près du domaine de M. Deboile, à l'est de la Guillotière. . .	166,440	
Sur le seuil de la porte d'une auberge donnant sur la route royale de Marseille, vis-à-vis les moulins à vent	172,311	
A l'angle d'un café donnant sur les rues Monsieur et Champonnay	165,945	
A l'angle d'un café donnant sur les rues Monsieur et Condé, à 0ᵐ80 au-dessus du sol	167,880	
Sur une petite borne située sur la place Louis XVI, à 0ᵐ60 au-dessus du sol . .	168,284	

Suite de la 16e Table.

DÉSIGNATION DES REPÈRES.	ÉLÉVA-TION au-dessus de la mer.	Obser-vations.
A l'angle du café-restaurant des *Vendanges de Bourgogne*, sur un chasse-roue élevé de 0ᵐ80 et donnant sur l'avenue de Saxe . .	168,058	
Sur le seuil de porte du café du *Vallon du Lac*, donnant sur la route Sainte-Elisabeth	167,428	
Sur une borne à l'angle d'une maison située rue Bossuet, élevée de 1ᵐ00 au-dessus du sol	168,036	
Sur une petite borne de délimitation à l'angle d'un terrain appartenant à l'État, derrière le fort des Brotteaux	166,354	
Sur une borne à l'angle de la propriété Belle-Combe	167,136	
Etiage de la Saône, au pont Tilsitt . . .	159,433	
Idem, d'après un point de la carte de France, le sommet du clocher de Fourvières . .	161,354	
Idem du Rhône, à Valence (feuille N.° 1) .	101,780	
Idem, à Valence (feuille N.° 1), d'après un point de la carte de France, le dessus de la pile de milieu du pont suspendu. . . .	102,110	

NOTA. *Ces différences se combinent en outre avec celle qui existe entre l'Océan et la Méditerranée; la triangulation de la carte de France étant rapportée à l'Océan, et le nivellement des chemins de fer du midi à la Méditerranée.*

On pense que l'Océan est plus élevé d'environ 0ᵐ50.

17ᵉ *Table.*

RHONE.

Etiages ramenés au même zéro de basse-mer.

DÉSIGNATION DES REPÈRES.	ÉLÉVA-TION au-dessus de la mer.	Obser-vations.
	m	La pente du Rhône de ce rhô-nomètre étant de 0ᵐ o8 pour arriver à ce-lui du canal de Bouc, son ordon-née devrait être de 1ᵐ 54 — 0ᵐ o8 = 1ᵐ 46, tandis qu'elle est 1ᵐ 88.
Arles, étiage à la station du chemin de fer.	1,54	
Idem, étiage au pont	1,49	
Inondations à ce point	6,64	
Beaucaire, étiage.	3,61	
Inondations	10,48	
Avignon, étiage au pont suspendu . . .	12,72	
Inondations	20,96	
Valence, étiage au pont suspendu. . . .	101,78	
Inondations	108,62	
Vienne, étiage	144,57	
Inondations	152,12	
Lyon, étiage au pont de la Guillotière . .	160,66	
Inondations	166,14	

DÉSIGNATION DES REPÈRES.	ÉLÉVA-TION au-dessus de la mer.	Obser-vations.

DÉSIGNATION DES REPÈRES.	ÉLÉVA-TION au-dessus de la mer.	Obser-vations.

DÉSIGNATION DES REPÈRES.	ÉLÉVA- TION au-dessus de la mer.	*Obser- vations.*

24

DÉSIGNATION DES REPÈRES.	ÉLÉVA-TION au-dessus de la mer.	Obser-vations.

DÉSIGNATION DES REPÈRES.	ÉLÉVA-TION au-dessus de la mer.	Obser-vations.

DÉSIGNATION DES REPÈRES.	ÉLÉVA-TION au-dessus de la mer.	Obser-vations.

DÉSIGNATION DES REPÈRES.	ÉLÉVA-TION eu-dessus de la mer.	Obser-vations.

DÉSIGNATION DES REPÈRES.	ÉLÉVA-TION au-dessus de lamer.	Obser-vations.

DÉSIGNATION DES REPÈRES.	ÉLÉVA-TION au-dessus de la mer.	*Obser-vations.*

DÉSIGNATION DES REPÈRES.	ÉLÉVA-TION au-dessus de lamer.	Obser-vations.

DÉSIGNATION DES REPÈRES.	ÉLÉVA-TION au-dessus de la mer.	Obser-vations.

DÉSIGNATION DES REPÈRES.	ÉLÉVA-TION au-dessus de la mer.	*Obser-vations.*

DÉSIGNATION DES REPÈRES.	ÉLÉVA-TION au-dessus de la mer.	Obser-vations.

DÉSIGNATION DES REPÈRES.	ÉLÉVA-TION au-dessus de la mer.	Obser-vations.

DÉSIGNATION DES REPÈRES.	ÉLÉVA- TION au-dessus de la mer.	Obser- vations.

DÉSIGNATION DES REPÈRES.	ÉLÉVA-TION au-dessus de la mer.	Obser-vations.

DÉSIGNATION DES REPÈRES.	ÉLÉVA-TION au-dessus de la mer.	Obser-vations.

DÉSIGNATION DES REPÈRES.	ÉLÉVA-TION au-dessus de la mer.	Obser-vations.

TABLES

POUR LES ORDONNÉES DES COURBES

de 5 à 6,000 mètres de rayon.

Pour obtenir l'ordonnée, prenez la moitié du logarithme de la différence des carrés du rayon et de l'abscisse ; retranchez le nombre obtenu du rayon, et la différence sera l'ordonnée : soit 5 mètres rayon, abscisse 1 mètre. Le calcul sera l 25 — 1 = 1,3802112, dont la moitié est 0,6901056, soit 4^m90, et R — 4^m90 = 0^m10.

Si l'on ne fait pas usage des logarithmes, l'abscisse sera obtenue en retranchant du carré du rayon celui de l'abscisse, prenant la racine carrée du reste, puis retranchant le résultat du rayon.

Quoique nous donnions un grand nombre de rayons, nous recommandons aux opérateurs de chercher dans les tracés à les varier le moins possible, vu que pour l'entretien de la pose il faut autant de calibres pour surhaussement des rails qu'il y a de rayons différens.

Longueur des Abscisses.	Ordonnées.	Longueur des Abscisses.	Ordonnées.	Longueur des Abscisses.	Ordonnées.	Longueur des Abscisses.	Ordonnées.
R. 5^m		2,00	0,20	**R. 15^m**		8,00	2,31
		2,50	0,32			8,50	2,64
		3,00	0,46			9,00	3,00
0,50	0,03	3,50	0,63	0,50	0,01	9,50	3,39
1,00	0,10	4,00	0,83	1,00	0,03	10,00	3,82
1,50	0,23	4,50	1,07	1,50	0,07	10,50	4,29
2,00	0,42	5,00	1,34	2,00	0,13	11,00	4,80
2,50	0,67	5,50	1,65	2,50	0,21	11,50	5,37
3,00	1,00	6,00	2,00	3,00	0,30	12,00	6,00
3,50	1,43	6,50	2,40	3,50	0,41	12,50	6,71
4,00	2,00	7,00	2,86	4,00	0,54	13,00	7,52
4,50	2,82	7,50	3,39	4,50	0,69	13,50	8,46
R. 10^m		8,00	4,00	5,00	0,86	14,00	9,61
		8,50	4,73	5,50	1,04	14,50	11,16
		9,00	5,64	6,00	1,25	15,00	15,00
0,50	0,01			6,50	1,48		
1,00	0,05			7,00	1,73		
1,50	0,11			7,50	2,01		

R. 20ᵐ

Longueur des Abscisses.	Ordonnées.
0,50	0,01
1,00	0,02
1,50	0,06
2,00	0,10
2,50	0,16
3,00	0,23
3,50	0,31
4,00	0,40
4,50	0,51
5,00	0,63
5,50	0,77
6,00	0,92
6,50	1,08
7,00	1,26
7,50	1,46
8,00	1,67
8,50	1,90
9,00	2,14
9,50	2,41
10,00	2,68
10,50	2,98
11,00	3,30
11,50	3,64
12,00	4,00
12,50	4,39
13,00	1,80
13,50	5,24
14,00	5,72
14,50	6,22
15,00	6,77
15,50	7,36
16,00	8,00
16,50	8,70
17,00	9,48
17,50	10,32
18,00	11,28
18,50	12,40
19,00	13,75
19,50	18,59
20,00	20,00

R. 25ᵐ

Longueur des Abscisses.	Ordonnées.
1,00	0,05
2,00	0,08
3,00	0,18
4,00	0,33
5,00	0,50
6,00	0,73
7,00	1,00
8,00	1,31
9,00	1,68
10,00	2,09
11,00	2,55
12,00	3,07
13,00	3,65
14,00	4,29
15,00	5,00
16,00	5,80
17,00	6,67
18,00	7,65
19,00	8,75
20,00	10,00
21,00	11,43
22,00	13,52
23,00	15,02
24,00	18,00
25,00	25,00

R. 30ᵐ

Longueur des Abscisses.	Ordonnées.
1,00	0,02
2,00	0,07
3,00	0,14
4,00	0,27

Longueur des Abscisses.	Ordonnées.
5,00	0,42
6,00	0,60
7,00	0,83
8,00	1,09
9,00	1,38
10,00	1,72
11,00	2,09
12,00	2,50
13,00	2,97
14,00	3,47
15,00	4,02
16,00	4,62
17,00	5,29
18,00	6,00
19,00	6,79
20,00	7,64
21,00	8,28
22,00	9,60
23,00	10,74
24,00	12,00
25,00	13,42
26,00	15,03
27,00	16,92
28,00	19,23
29,00	22,32
30,00	30,00

R. 35ᵐ

Longueur des Abscisses.	Ordonnées.
5,00	0,36
10,00	1,46
15,00	3,38
20,00	6,28
25,00	10,50
30,00	16,97

R. 40ᵐ

Longueur des Abscisses.	Ordonnées.
5,00	0,34
10,00	1,27
15,00	2,92
20,00	5,36
25,00	8,78
30,00	13,54
35,00	20,64

R. 45ᵐ

Longueur des Abscisses.	Ordonnées.
5,00	0,28
10,00	1,13
15,00	2,58
20,00	4,69
25,00	7,58
30,00	11,46
35,00	16,72
40,00	24,39

R. 50ᵐ

Longueur des Abscisses.	Ordonnées.
5,00	0,25
10,00	1,04
15,00	2,30
20,00	4,17
25,00	6,70
30,00	10,00
35,00	14,29
40,00	20,00
45,00	28,21

R. 55ᵐ

Longueur des Abscisses.	Ordonnées.
5,00	0,23
10,00	0,92
15,00	2,08

Longueur des Abscisses.	Ordonnées.	Longueur des Abscisses.	Ordonnées.	Longueur des Abscisses.	Ordonnées.	Longueur des Abscisses.	Ordonnées.
20,00	3,77			15,00	1,42	20,00	2,25
25,00	6,01	**R. 70m**		20,00	2,55	25,00	3,55
30,00	9,90			25,00	4,01	30,00	5,15
35,00	12,57	5,00	0,18	30,00	5,84	35,00	7,09
40,00	17,25	10,00	0,72	35,00	8,05	40,00	9,38
45,00	23,38	15,00	1,63	40,00	10,72	45,00	12,06
50,00	32,09	20,00	2,92	45,00	13,86	50,00	15,18
		25,00	4,62	50,00	17,55	55,00	18,76
R. 60m		30,00	6,75	55,00	21,91	60,00	22,92
		35,00	9,38	60,00	27,09	65,00	27,75
5,00	0,21	40,00	12,55	65,00	33,36	70,00	33,43
10,00	0,84	45,00	16,38	70,00	41,27	75,00	40,25
15,00	1,91	50,00	21,04	75,00	52,22	80,00	48,77
20,00	3,43	55,00	26,70			85,00	60,42
25,00	5,46	60,00	33,94	**R. 85m**			
30,00	8,04	65,00	44,02			**R. 95m**	
35,00	11,27			5,00	0,15		
40,00	15,28	**R. 75m**		10,00	0,59	5,00	0,13
45,00	20,31			15,00	1,33	10,00	0,53
50,00	26,83	5,00	0,17	20,00	2,39	15,00	1,19
55,00	36,02	10,00	0,67	25,00	3,77	20,00	2,13
		15,00	1,54	30,00	5,47	25,00	3,35
R. 65m		20,00	2,72	35,00	7,55	30,00	4,86
		25,00	4,29	40,00	10,00	35,00	6,68
5,00	0,19	30,00	6,26	45,00	12,89	40,00	8,83
10,00	0,77	35,00	7,92	50,00	16,26	45,00	11,33
15,00	1,75	40,00	11,56	55,00	20,49	50,00	14,22
20,00	3,15	45,00	14,00	60,00	24,79	55,00	17,55
25,00	5,00	50,00	19,10	65,00	30,23	60,00	21,35
30,00	7,34	55,00	24,04	70,00	41,78	65,00	25,72
35,00	10,23	60,00	30,00	75,00	45,00	70,00	30,77
40,00	13,77	65,00	37,59	80,00	54,28	75,00	36,69
45,00	18,40	70,00	48,07			80,00	43,77
50,00	23,47			**R. 90m**		85,00	52,57
55,00	30,36	**R. 80m**				90,00	64,59
60,00	40,00			5,00	0,14		
		5,00	0,16	10,00	0,56		
		10,00	0,63	15,00	1,26		

Longueur des Abscisses.	Ordonnées.	Longueur des Abscisses.	Ordonnées.	Longueur des Abscisses.	Ordonnées.	Longueur des Abscisses.	Ordonnées.

R. 100 m

Longueur des Abscisses.	Ordonnées.
5,00	0,13
10,00	0,50
15,00	1,13
20,00	2,02
25,00	3,18
30,00	4,61
35,00	6,32
40,00	8,35
45,00	10,70
50,00	13,40
55,00	16,48
60,00	20,00
65,00	24,01
70,00	28,59
75,00	33,86
80,00	40,00
85,00	47,32
90,00	56,41

R. 110 m

Longueur des Abscisses.	Ordonnées.
5,00	0,11
10,00	0,46
15,00	1,28
20,00	1,83
25,00	2,88
30,00	4,17
35,00	5,24
40,00	7,53
45,00	9,63
50,00	12,02
55,00	14,74
60,00	17,81
65,00	21,26
70,00	25,15
75,00	29,53

Longueur des Abscisses.	Ordonnées.
80,00	34,50
85,00	40,18
90,00	51,75
95,00	54,55

R. 120 m

Longueur des Abscisses.	Ordonnées.
5,00	0,11
10,00	0,42
15,00	0,94
20,00	1,68
25,00	2,63
30,00	3,81
35,00	5,22
40,00	6,76
45,00	8,76
50,00	10,91
55,00	13,35
60,00	16,07
65,00	19,13
70,00	22,53
75,00	26,32
80,00	31,56
85,00	35,30
90,00	40,64
95,00	46,69
100,00	53,67

R. 125 m

Longueur des Abscisses.	Ordonnées.
5,00	0,10
10,00	0,50
15,00	0,80
20,00	1,33
25,00	2,53
30,00	3,65
35,00	5,00
40,00	6,67
45,00	8,38

Longueur des Abscisses.	Ordonnées.
50,00	10,43
55,00	12,75
60,00	15,34
65,00	18,25
70,00	21,44
75,00	25,00
80,00	28,95
85,00	33,35
90,00	38,25
95,00	43,76
100,00	45,00
105,00	57,92

R. 130 m

Longueur des Abscisses.	Ordonnées.
5,00	0,10
10,00	0,40
15,00	0,87
20,00	1,55
25,00	2,43
30,00	3,51
35,00	4,80
40,00	6,31
45,00	8,04
50,00	10,00
55,00	12,21
60,00	14,67
65,00	17,42
70,00	20,46
75,00	23,92
80,00	27,53
85,00	31,64
90,00	36,19
95,00	41,26
100,00	46,94
105,00	53,35

R. 140 m

Longueur des Abscisses.	Ordonnées.
5,00	0,09
10,00	0,36
15,00	0,80
20,00	1,44
25,00	2,25
30,00	3,25
35,00	4,76
40,00	5,84
45,00	7,43
50,00	9,23
55,00	11,26
60,00	13,51
65,00	16,10
70,00	18,76
75,00	21,68
80,00	25,11
85,00	28,76
90,00	31,76
95,00	37,24
100,00	42,02

R. 150 m

Longueur des Abscisses.	Ordonnées.
5,00	0,08
10,00	0,33
15,00	0,75
20,00	1,34
25,00	2,10
30,00	3,03
35,00	4,14
40,00	5,43
45,00	6,91
50,00	8,58
55,00	10,45
60,00	12,52
65,00	14,81

Longueur des Abscisses	Ordonnées
70,00	17,34
75,00	20,10
80,00	23,11
85,00	26,41
90,00	30,00
95,00	33,92
100,00	38,20
105,00	42,88
110,00	48,02
115,00	53,70
120,00	60,00
125,00	67,08
130,00	75,17
135,00	84,62
140,00	96,15
145,00	111,58

R. 160m

Longueur des Abscisses	Ordonnées
5,00	0,08
10,00	0,32
15,00	0,74
20,00	1,25
25,00	1,97
30,00	2,84
35,00	3,88
40,00	5,08
45,00	6,46
50,00	8,01
55,00	9,75
60,00	11,68
65,00	13,80
70,00	16,13
75,00	18,67
80,00	20,80
85,00	24,35
90,00	27,74
95,00	31,26
100,00	35,10

R. 170m

Longueur des Abscisses	Ordonnées
5,00	0,08
10,00	0,29
15,00	0,66
20,00	1,18
25,00	1,85
30,00	2,67
35,00	3,64
40,00	4,77
45,00	6,06
50,00	7,52
55,00	9,14
60,00	10,94
65,00	12,92
70,00	15,08
75,00	17,44
80,00	20,00
85,00	22,78
90,00	25,78
95,00	29,02
100,00	32,52

R. 175m

Longueur des Abscisses	Ordonnées
5,00	0,07
10,00	0,29
15,00	0,64
20,00	1,15
25,00	1,80
30,00	2,59
35,00	3,54
40,00	4,63
45,00	5,89
50,00	7,29
55,00	9,87
60,00	10,64
65,00	12,42

Longueur des Abscisses	Ordonnées
70,00	14,61
75,00	16,89
80,00	19,36
85,00	22,03
90,00	24,80
95,00	28,03
100,00	31,39

R. 180m

Longueur des Abscisses	Ordonnées
5,00	0,07
10,00	0,28
15,00	0,63
20,00	1,11
25,00	1,75
30,00	2,42
35,00	3,44
40,00	4,50
45,00	5,72
50,00	7,08
55,00	8,61
60,00	10,19
65,00	12,15
70,00	14,17
75,00	16,57
80,00	18,75
85,00	21,34
90,00	24,12
95,00	27,11
100,00	30,33

R. 190m

Longueur des Abscisses	Ordonnées
5,00	0,07
10,00	0,25
15,00	0,59
20,00	1,16
25,00	1,65
30,00	2,38

Longueur des Abscisses	Ordonnées
35,00	3,25
40,00	4,26
45,00	5,41
50,00	6,70
55,00	8,14
60,00	9,72
65,00	11,47
70,00	13,35
75,00	15,43
80,00	17,65
85,00	20,07
90,00	22,67
95,00	25,46
100,00	28,45

R. 200m

Longueur des Abscisses	Ordonnées
5,00	0,07
10,00	0,25
15,00	0,57
20,00	1,00
25,00	1,57
30,00	2,27
35,00	3,09
40,00	4,04
45,00	5,12
50,00	6,35
55,00	7,71
60,00	9,21
65,00	10,86
70,00	12,65
75,00	14,60
80,00	16,70
85,00	18,97
90,00	21,39
95,00	24,09
100,00	26,80
105,00	29,78
110,00	32,96

Longueur des Abscisses.	Ordonnées.	Longueur des Abscisses.	Ordonnées.	Longueur des Abscisses.	Ordonnées.	Longueur des Abscisses.	Ordonnées.
115,00	36,37	95,00	22,72	60,00	7,96	180,00	76,51
120,00	40,00	100,00	25,34	65,00	9,38	190,00	87,52
125,00	43,88			70,00	10,81	200,00	100,00
130,00	48,01	**R. 220 m**		75,00	12,47	210,00	114,35
135,00	52,44			80,00	14,34	220,00	131,26
140,00	57,17	5,00	0,06	85,00	16,28		
145,00	62,25	10,00	0.23	90,00	18,35	**R. 250 m**	
150,00	67,71	15,00	0,54	95,00	20,53		
155,00	73,61	20,00	0,91	100,00	22,87	5,00	0,05
160,00	80,00	25,00	1,33			10,00	0,20
165,00	86,98	30,00	2,06	**R. 240 m**		15,00	0,45
170,00	94,77	35,00	2,80			20,00	0,80
175,00	103,17	40,00	3,67	5,00	0,05	25,00	1,25
180,00	112,82	45,00	4,65	10,00	0,21	30,00	1,80
185,00	124,01	50,00	5,73	15,00	0,47	35,00	2,46
190,00	137,55	55,00	6,99	20,00	0,84	40,00	3,22
195,00	185,94	60,00	8,35	25,00	1,31	45,00	4,09
200,00	200,00	65,00	9,83	30,00	1,88	50,00	5,05
		70,00	11,43	35,00	2,94	55,00	6,13
R. 210 m		75,00	13,18	40,00	3,36	60,00	7,31
		80,00	15,06	45,00	4,26	65,00	8,60
5,00	0,06	85,00	17,08	50,00	5,27	70,00	10,00
10,00	0,24	90,00	19,25	55,00	6,39	75,00	11,52
15,00	0,56	95,00	21,57	60,00	7,62	80,00	13,14
20,00	0,96	100,00	24,04	65,00	8,97	85,00	15,87
25,00	1,49			70,00	10,44	90,00	16,76
30,00	2,15	**R. 230 m**		75,00	12,02	95,00	18,75
35,00	2,94			80,00	13,73	100,00	20,87
40,00	3,84	5,00	0,05	85,00	15,57	110,00	25,50
45,00	4,88	10,00	0,22	90,00	17,51	120,00	30,66
50,00	6,03	15,00	0,49	95,00	19,60	130,00	36,46
55,00	7,33	20,00	0,87	100,00	21,83	140,00	42,88
60,00	8,75	25,00	1,36	110,00	25,50	150,00	50,00
65,00	10,31	30,00	1,97	120,00	30,66	160,00	57,91
70,00	12,01	35,00	2,68	130,00	36,45	170,00	66,70
75,00	13,85	40,00	3,51	140,00	42,88	180,00	76,51
80,00	15,83	45,00	4,35	150,00	50,00	190,00	87,52
85,00	17,97	50,00	5,50	160,00	57,91	200,00	100,00
90,00	20,27	55,00	6,68	170,00	66,70	210,00	114,35

Longueur des Abscisses.	Ordonnées.	Longueur des Abscisses.	Ordonnées.	Longueur des Abscisses.	Ordonnées.	Longueur des Abscisses.	Ordonnées.
220,00	131,26	50,00	4,67			50,00	4,35
230,00	152,02	55,00	5,66	**R. 280ᵐ**		55,00	5,26
240,00	180,00	60,00	6,75			60,00	6,28
250,00	250,00	65,00	7,94	5,00	0,05	65,00	7,38
		70,00	9,23	10,00	0,17	70,00	8,65
R. 260ᵐ		75,00	10,63	15,00	0,40	75,00	9,83
		80,00	12,12	20,00	0,72	80,00	11,37
5,00	0,05	85,00	13,63	25,00	1,12	85,00	12,74
10,00	0,19	90,00	15,44	30,00	1,61	90,00	13,68
15,00	0,43	95,00	17,27	35,00	2,20	95,00	16,00
20,00	0,77	100,00	19,20	40,00	2,87	100,00	17,78
25,00	1,21			45,00	3,64	105,00	19,67
30,00	1,74	**R. 275ᵐ**		50,00	4,50	110,00	21,67
35,00	2,37			55,00	5,46	115,00	23,78
40,00	3,95	5,00	0,05	60,00	6,50	120,00	25,99
45,00	3,92	10,00	0,17	65,00	7,65		
50,00	4,85	15,00	0,41	70,00	8,89	**R. 300ᵐ**	
55,00	5,88	20,00	0,73	75,00	10,23		
60,00	7,02	25,00	1,14	80,00	11,67	5,00	0,04
65,00	8,26	30,00	1,64	85,00	13,21	10,00	0,17
70,00	9,60	35,00	2,23	90,00	14,86	15,00	0,38
75,00	11,05	40,00	2,93	95,00	16,61	20,00	0,67
80,00	12,61	45,00	3,74	100,00	18,47	25,00	1,04
85,00	14,29	50,00	4,59	105,00	20,44	30,00	1,50
90,00	16,07	55,00	5,56	110,00	22,51	35,00	2,05
95,00	17,98	60,00	6,62	115,00	25,30	40,00	2,68
100,00	20,00	65,00	7,82	120,00	27,02	45,00	3,39
		70,00	9,06			50,00	4,20
R. 270ᵐ		75,00	10,43	**R. 290ᵐ**		55,00	5,09
		80,00	11,89			60,00	6,06
5,00	0,05	85,00	13,47	5,00	0,04	65,00	7,13
10,00	0,19	90,00	15,14	10,00	0,17	70,00	8,28
15,00	0,42	95,00	16,93	15,00	0,39	75,00	9,53
20,00	0,74	100,00	18,83	20,00	0,69	80,00	10,86
25,00	1,16	105,00	20,84	25,00	1,08	85,00	12,29
30,00	1,67	110,00	22,96	30,00	1,56	90,00	13,82
35,00	2,29	115,00	25,20	35,00	2,12	95,00	15,44
40,00	2,97	120,00	27,56	40,00	2,77	100,00	17,16
45,00	3,78			45,00	3,51	105,00	18,98

Longueur des Abscisses.	Ordonnées.	Longueur des Abscisses.	Ordonnées.	Longueur des Abscisses.	Ordonnées.	Longueur des Abscisses.	Ordonnées.
110,00	20,89	90,00	11,79	55,00	3,80	20.00	0.45
115,00	22,92	95,00	13,14	60,00	4,53	25.00	0.69
120,00	25,05	100,00	14,59	65,00	5,32	30.00	1.00
130,00	29,63	105,00	16,15	70,00	6,17	35.00	1.37
140,00	34,67	110,00	17,75	75,00	7,10	40.00	1.78
150,00	40,19	115,00	19,48	80,00	8,08	45.00	2.26
160,00	46,23	120,00	21,21	85,00	9,14	50.00	2.79
170,00	52,82	130,00	25,04	90,00	10,26	55.00	3.37
180,00	60,00	140,00	29,22	95,00	11,45	60.00	4.02
190,00	67,84	150,00	33,77	100,00	12,70	65.00	4.72
200,00	76,39	160,00	38,71	105,00	15,03	70.00	5.48
210,00	85,76	170,00	44,06	110,00	15,42	75.00	6.30
220,00	96,04	180,00	49,83	115,00	16,89	80.00	7.17
230,00	107,39	190,00	56,06	120,00	18,42	85.00	8.10
240,00	120,00	200,00	62,78	130,00	21,74	90.00	9.09
250,00	134,17	210,00	70,00	140,00	25,30	95.00	10.14
260,00	150,33	220,00	77,79	150,00	29,19	100.00	11.25
270,00	169,24	230,00	86,16	160,00	33,39	105.00	12.42
		240,00	95,25	170,00	37,92	110.00	13.65
R. 350ᵐ		250,00	105,05	180,00	42,79	115.00	14.94
		260,00	115,69	190,00	48,01	120.00	16.30
5,00	0,04	270,00	127,29	200,00	53,59	130.00	19.09
10,00	0,14	280,00	140,10	210,00	55,62	140.00	22.33
15,00	0,32	290,00	153,59	220,00	65,93	150.00	25.74
20,00	0,57	300,00	169,72	230,00	72,74	160.00	29.41
25,00	0,89			240,00	80,00	170.00	33.35
30,00	1,29	**R. 400ᵐ**		250,00	87,75	180.00	37.57
35,00	1,75			260,00	96,03	190.00	42.08
40,00	2,29	5,00	0,03	270,00	104,88	200.00	46.89
45,00	2,94	10,00	0,13	280,00	114,34	210.00	52.01
50,00	3,59	15,00	0,29	290,00	121,60	220.00	57.44
55,00	4,35	20,00	0,50	300,00	135,33	230.00	63.22
60,00	5,18	25,00	0,78			240.00	69.34
65,00	6,09	30,00	1,13	**R. 450ᵐ**		250.00	75.83
70,00	7,07	35,00	1,52			260.00	82.71
75,00	8,13	40,00	2,01	5.00	0.08	270.00	90.00
80,00	9,27	45,00	2,54	10.00	0.11	280.00	97.72
85,00	10,48	50,00	3,14	15.00	0.30	290.00	105.91

Longueur des Abscisses.	Ordonnées.
300.00	114.59
310.00	123.81
320.00	133.61
330.00	144.06
340.00	155.21

R. 500 m

Longueur des Abscisses.	Ordonnées.
5.00	0.02
10.00	0.10
15.00	0.23
20.00	0.40
25.00	0.63
30.00	0.90
35.00	1.23
40.00	1.60
45.00	2.03
50.00	2.51
55.00	3.02
60.00	3.61
65.00	4.24
70.00	4.92
75.00	5.23
80.00	6.44
85.00	7.28
90.00	8.17
95.00	9.04
100.00	10.10
105.00	10.92
110.00	12.25
115.00	13.41
120.00	14.61
130.00	17.20
140.00	20.00
150.00	23.03
160.00	26.29
170.00	29.79
180.00	33.52
190.00	37.51

Longueur des Abscisses.	Ordonnées.
200.00	41.74
210.00	46.24
220.00	51.00
230.00	56.04
240.00	61.37
250.00	66.99
260.00	72.92
270.00	79.17
280.00	85.75
290.00	92.69
300.00	100.00
310.00	107.70
320.00	115.81
330.00	124.40
340.00	133.39

R. 550 m

Longueur des Abscisses.	Ordonnées.
5.00	0.02
10.00	0.09
15.00	0.24
20.00	0.36
25.00	0.58
30.00	0.82
35.00	1.12
40.00	1.46
45.00	1.85
50.00	2.27
55.00	2.76
60.00	3.28
65.00	3.92
70.00	4.47
75.00	5.14
80.00	5.85
85.00	6.64
90.00	7.44
95.00	8.27
100.00	9.47
105.00	10.43

Longueur des Abscisses.	Ordonnées.
110.00	11.44
115.00	12.06
120.00	13.25
130.00	15.58
140.00	18.12
150.00	20.85
160.00	23.79
170.00	26.93
180.00	30.29
190.00	33.86
200.00	37.65
210.00	41.67
220.00	45.92
230.00	50.40
240.00	55.13
250.00	60.40
260.00	65.34
270.00	70.83
280.00	76.61
290.00	82.67
300.00	89.03
310.00	96.69
320.00	107.68
330.00	110.00
340.00	117.69
350.00	125.74
360.00	135.44
370.00	143.06
380.00	152.38
390.00	162.49

R. 600 m

Longueur des Abscisses.	Ordonnées.
10.00	0.09
20.00	0.33
30.00	0.75
40.00	1.34
50.00	2.09
60.00	3.01

Longueur des Abscisses.	Ordonnées.
70.00	4.10
80.00	5.36
90.00	6.79
100.00	8.39
110.00	10.17
120.00	12.12
130.00	14.25
140.00	16.56
150.00	19.05
160.00	21.73
170.00	24.59
180.00	27.64
190.00	30.88
200.00	34.32
210.00	37.95
220.00	41.79
230.00	45.83
240.00	50.09
250.00	54.56
260.00	59.26
270.00	64.48
280.00	69.34
290.00	74.74
300.00	80.39
310.00	86.29
320.00	92.46
330.00	98.90
340.00	105.63
350.00	112.66

R. 638 m

Longueur des Abscisses.	Ordonnées.
10.00	0.08
20.00	0.31
30.00	0.71
40.00	1.25
50.00	1.96
60.00	2.83
70.00	3.85

Longueur des Abscisses.	Ordonnées.	Longueur des Abscisses.	Ordonnées.	Longueur des Abscisses.	Ordonnées.	Longueur des Abscisses.	Ordonnées.
80.00	5.04	70,00	3,78	70,00	3,54	70,00	3,27
90.00	6.38	80,00	4,94	80,00	4,59	80,00	4,28
100.00	7.89	90,00	6,26	90,00	5,81	90,00	5,42
110.00	9.55	100,00	7,74	100,00	7,18	100,00	6,70
120.00	11.39	110,00	9,38	110,00	8,70	110,00	8,11
130.00	13.39	120,00	11,17	120,00	10,36	120,00	9,67
140.00	15.55	130,00	13,13	130,00	12,18	130,00	11,35
150.00	17.88	140,00	15,26	140,00	14,14	140,00	13,25
160.00	20.40	150,00	17,55	150,00	16,26	150,00	15,15
170.00	22.97	160,00	20,00	160,00	18,53	160,00	17,27
180.00	25.92	170,00	22,63	170,00	20,96	170,00	19,52
190.00	27.94	180,00	25,42	180,00	23,54	180,00	21,92
200.00	32.16	190,00	28,39	190,00	26,28	190,00	24,47
210.00	35.55	200,00	31,53	200,00	29,18	200,00	27,16
220.00	39.14	210,00	34,86	210,00	32,24	210,00	30,00
230.00	42.90	220,00	38,36	220,00	35,47	220,00	32,99
240.00	46.86	230,00	42,05	230,00	38,87	230,00	36,14
250.00	51.02	240,00	45,93	240,00	42,43	240,00	39,44
260.00	55.38	250,00	50,00	250,00	46,17	250,00	42,89
270.00	59.94	260,00	54,27	260,00	50,08	260,00	46,51
280.00	64.73	270,00	56,73	270,00	54,17	270,00	50,29
290.00	69.71	280,00	63,40	280,00	58,44	280,00	54,23
300.00	74.93	290,00	68,28	290,00	62,90	290,00	59,33
310.00	80.38	300,00	73,37	300,00	67,55	300,00	62,61
320.00	86.06	310,00	78,69	310,00	72,39	310,00	67,07
330.00	91.98	320,00	84,36	320,00	77,43	320,00	71,69
340.00	98.15	330,00	90,00	330,00	82,67	330,00	76,50
350.00	103.57	340,00	96,02	340,00	88,12	340,00	81,49
360.00	111.27	350,00	102,27	350,00	93,78	350,00	86,68
370.00	118.25	360.00	108,80	360,00	99,17	360,00	92,05
						370,00	97,62
R. 650ᵐ		**R. 700ᵐ**		**R. 750ᵐ**		380,00	103,39
						390,00	109,38
10,00	0,08	10,00	0,07	10,00	0,07	400,00	115,57
20,00	0,39	20,00	0,29	20,00	0,27	410,00	122,00
30,00	0,69	30,00	0,64	30,00	0,60	420,00	129,63
40,00	1,23	40,00	1,14	40,00	1,07	430,00	135,51
50,00	1,93	50,00	1,79	50,00	1,67	440,00	142,55
60,00	2,78	60,00	2,58	60,00	2,40	450,00	150,00

Longueur des Abscisses.	Ordonnées.	Longueur des Abscisses.	Ordonnées.	Longueur des Abscisses.	Ordonnées.	Longueur des Abscisses.	Ordonnées.
460,00	157,63	165,00	17,20	70,00	2,89	40,00	0,89
470,00	165,54	170,00	18,27	80,00	3,77	45,00	1,13
480,00	173,72	175,00	19,28	90,00	4,78	50,00	1,39
490,00	182,40	180,00	20,51	100,00	5,90	55,00	1,68
R. 800m		185,00	21,69	110,00	7,15	60,00	2,00
		190,00	22,89	120,00	8,54	65,00	2,35
		195,00	24,13	130,00	10,00	70,00	2,73
5,00	0,02	200,00	25,40	140,00	11,61	75,00	3,13
10,00	0,06	205,00	26,71	150,00	13,34	80,00	3,56
15,00	0,14	210,00	28,05	160,00	15,20	85,00	4,02
20,00	0,25	215,00	29,43	170,00	17,17	90,00	4,54
25,00	0,39	220,00	30,83	180,00	19,28	95,00	5,03
30,00	0,56	225,00	32,30	190,00	21,51	100,00	5,57
35,00	0,77	230,00	33,78	200,00	23,87	105,00	6,15
40,00	1,00	235,00	35,29	210,00	26,35	110,00	6,75
45,00	1,27	240,00	36,83	220,00	28,96	115,00	7,38
50,00	1,56	245,00	38,44	230,00	31,71	120,00	8,04
55,00	1,89	250,00	40,07	240,00	34,59	125,00	8,73
60,00	2,25	255,00	41,73	250,00	37,60	130,00	9,44
65,00	2,65	260,00	43,43	260,00	40,74	135,00	10,18
70,00	3,07	265,00	45,17	270,00	44,02	140,00	10,96
75,00	3,52	270,00	46,87	280,00	47,41	145,00	11,76
80,00	4,01	275,00	48,75	290,00	51,00	150,00	12,69
85,00	4,53	280,00	50,60	300,00	54,70	155,00	13,45
90,00	5,08	285,00	52,50	310,00	58,55	160,00	14,34
95,00	5,66	290,00	54,41	320,00	62,47	165,00	15,25
100,00	6,28	295,00	56,38	330,00	65,67	170,00	16,21
105,00	6,92	300,00	58,38	340,00	70,97	175,00	17,18
110,00	7,60	305,00	60,32	350,00	75,40	180,00	18,18
115,00	8,31					185,00	19,22
120,00	9,05	**R. 850m**		**R. 900m**		190,00	20,28
125,00	9,83					195,00	21,38
130,00	10,63	5,00	0,02	5,00	0,01	200,00	22,50
135,00	11,47	10,00	0,06	10,00	0,06	205,00	23,66
140,00	12,35	20,00	0,24	15,00	0,13	210,00	24,84
145,00	13,25	30,00	0,53	20,00	0,22	215,00	26,06
150,00	14,19	40,00	0,94	25,00	0,35	220,00	27,30
155,00	15,56	50,00	1,47	30,00	0,50	225,00	28,58
160,00	16,16	60,00	2,12	35,00	0,68	230,00	29,89

Longueur des Abscisses.	Ordonnées.	Longueur des Abscisses.	Ordonnées.	Longueur des Abscisses.	Ordonnées.	Longueur des Abscisses.	Ordonnées.
235,00	31,23	220,00	25,82	105,00	5,53	400,00	83,49
240,00	32,59	230,00	28,26	110,00	6,07	410,00	87,92
245,00	33,99	240,00	30,81	115,00	6,64	420,00	92,48
250,00	35,42	250,00	33,49	120,00	7,23	430,00	97,17
255,00	36,88	260,00	36,27	125,00	7,84	440,00	102,00
260,00	38,37	270,00	39,18	130,00	8,49	450,00	106,97
265,00	39,90	280,00	42,20	135,00	9,15	460,00	112,08
270,00	41,46	290,00	45,35	140,00	9,85		
275,00	43,04	300,00	48,64	145,00	10,57	**R. 1050 m**	
280,00	44,66	310,00	52,00	150,00	11,31		
285,00	46,32	320,00	55,52	155,00	12,09	10,00	0,05
290,00	48,00	330,00	59,16	160,00	12,88	20,00	0,19
295,00	49,72	340,00	62,93	165,00	13,70	30,00	0,43
300,00	51,47	350,00	66,82	170,00	14,56	40,00	0,76
		360,00	70,85	175,00	15,43	50,00	1,19
R. 950 m		370,00	75,01	180,00	16,33	60,00	1,72
				185,00	17,25	70,00	2,34
5,00	0,01	**R. 1000 m**		190,00	18,22	80,00	3,05
10,00	0,05			195,00	19,20	90,00	3,86
20,00	0,21	5,00	0,01	200,00	20,20	100,00	4,77
30,00	0,47	10,00	0,05	210,00	22,30	110,00	5,78
40,00	0,84	15,00	0,11	220,00	24,50	120,00	6,88
50,00	1,32	20,00	0,20	230,00	26,81	130,00	8,08
60,00	1,90	25,00	0,31	240,00	29,23	140,00	9,39
70,00	2,58	30,00	0,45	250,00	31,75	150,00	10,77
80,00	3,38	35,00	0,64	260,00	34,39	160,00	12,26
90,00	4,27	40,00	0,80	270,00	37,14	170,00	13,85
100,00	5,28	45,00	1,01	280,00	40,00	180,00	15,54
110,00	6,39	50,00	1,25	290,00	42,97	190,00	17,33
120,00	7,61	55,00	1,51	300,00	46,06	200,00	19,22
130,00	8,94	60,00	1,80	310,00	49,26	210,00	21,24
140,00	10,37	65,00	2,12	320,00	52,58	220,00	23,30
150,00	11,92	70,00	2,45	330,00	56,02	230,00	25,50
160,00	13,57	75,00	2,82	340,00	59,59	240,00	27,80
170,00	15,34	80,00	3,21	350,00	63,25	250,00	30,21
180,00	17,21	85,00	3,62	360,00	68,12	260,00	32,70
190,00	19,19	90,00	4,06	370,00	70,97	270,00	35,31
200,00	21,29	95,00	4,52	380,00	75,01	280,00	38,02
210,00	23,50	100,00	5,04	390,00	79,19	290,00	40,80

Longueur des Abscisses.	Ordonnées.	Longueur des Abscisses.	Ordonnées.	Longueur des Abscisses.	Ordonnées.	Longueur des Abscisses.	Ordonnées.
300,00	43,79						
310,00	46,94	**R. 1150ᵐ**		**R. 1200ᵐ**		**R. 1250ᵐ**	
320,00	49,95						
330,00	53,22	10,00	0,04	10,00	0,04	10,00	0,04
R. 1100ᵐ		20,00	0,17	20,00	0,17	20,00	0,16
		30,00	0,39	30,00	0,38	30,00	0,36
10,00	0,05	40,00	0,70	40,00	0,67	40,00	0,64
20,00	0,18	50,00	1,09	50,00	1,04	50,00	1,00
30,00	0,41	60,00	1,57	60,00	1,50	60,00	1,44
40,00	0,73	70,00	2,13	70,00	2,05	70,00	1,96
50,00	1,14	80,00	2,79	80,00	2,67	80,00	2,56
60,00	1,64	90,00	3,53	90,00	3,38	90,00	3,25
70,00	2,23	100,00	4,36	100,00	4,17	100,00	4,01
80,00	2,94	110,00	5,27	110,00	5,05	110,00	4,85
90,00	3,69	120,00	6,28	120,00	6,02	120,00	5,77
100,00	4,57	130,00	7,37	130,00	7,06	130,00	6,78
110,00	5,51	140,00	8,55	140,00	8,20	140,00	7,87
120,00	6,57	150,00	9,83	150,00	9,41	150,00	9,03
130,00	7,71	160,00	11,19	160,00	10,71	160,00	10,28
140,00	8,95	170,00	12,64	170,00	12,10	170,00	11,62
150,00	10,28	180,00	14,18	180,00	14,58	180,00	13,03
160,00	11,70	190,00	15,80	190,00	15,14	190,00	14,53
170,00	13,22	200,00	17,53	200,00	16,78	200,00	16,10
180,00	14,83	210,00	19,34	210,00	18,52	210,00	17,77
190,00	16,53	220,00	21,34	220,00	20,34	220,00	19,51
200,00	18,34	230,00	23,24	230,00	22,25	230,00	21,34
210,00	20,24	240,00	25,32	240,00	24,25	240,00	23,26
220,00	22,23	250,00	27,50	250,00	26,33	250,00	25,26
230,00	24,31	260,00	29,78	260,00	28,50	260,00	27,34
240,00	26,50	270,00	32,15	270,00	30,77	270,00	29,51
250,00	28,79	280,00	34,61	280,00	33,12	280,00	31,76
260,00	31,17	290,00	37,17	290,00	35,57	290,00	34,11
270,00	33,65	300,00	39,82	300,00	38,11	300,00	36,53
280,00	36,23	310,00	42,67	310,00	41,73	310,00	38,05
290,00	39,92	320,00	45,42	320,00	43,54	320,00	41,65
300,00	41,70	330,00	48,37	330,00	46,27	330,00	43,35
310,00	44,59						
320,00	47,57						
330,00	50,67						

Longueur des Abscisses.	Ordonnées.	Longueur des Abscisses.	Ordonnées.	Longueur des Abscisses.	Ordonnées.	Longueur des Abscisses	Ordonnées.
R. 1300ᵐ		**R. 1350ᵐ**		**R. 1400ᵐ**		**R. 1450ᵐ**	
10,00	0,04	10,00	0,04	10,00	0,04	10,00	0,04
20,00	0,15	20,00	0,15	20,00	0,14	20,00	0,14
30,00	0,35	30,00	0,33	30,00	0,32	30,00	0,31
40,00	0,62	40,00	0,59	40,00	0,58	40,00	0,55
50,00	0,96	50,00	0,93	50,00	0,89	50,00	0,86
60,00	1,39	60,00	1,34	60,00	1,29	60,00	1,24
70,00	1,89	70,00	1,82	70,00	1,75	70,00	1,69
80,00	2,46	80,00	2,37	80,00	2,29	80,00	2,21
90,00	3,12	90,00	3,00	90,00	2,89	90,00	2,80
100,00	3,86	100,00	3,71	100,00	3,58	100,00	3,45
110,00	4,66	110,00	4,49	110,00	4,33	110,00	4,18
120,00	5,55	120,00	5,34	120,00	5,15	120,00	4,97
130,00	6,52	130,00	6,28	130,00	6,05	130,00	5,84
140,00	7,56	140,00	7,28	140,00	7,02	140,00	6,77
150,00	8,68	150,00	8,36	150,00	8,06	150,00	7,78
160,00	9,88	160,00	9,52	160,00	9,17	160,00	8,55
170,00	11,16	170,00	10,93	170,00	10,36	170,00	10,00
180,00	12,52	180,00	12,05	180,00	11,62	180,00	11,22
190,00	13,96	190,00	13,44	190,00	12,95	190,00	12,50
200,00	15,48	200,00	14,90	200,00	14,36	200,00	13,86
210,00	17,46	210,00	16,44	210,00	15,84	210,00	15,29
220,00	18,75	220,00	18,05	220,00	17,39	220,00	16,79
230,00	20,51	230,00	19,77	230,00	19,02	230,00	18,36
240,00	22,35	240,00	21,51	240,00	20,73	240,00	20,00
250,00	24,27	250,00	23,35	250,00	22,50	250,00	21,71
260,00	26,28	260,00	26,27	260,00	24,36	260,00	23,50
270,00	29,35	270,00	27,31	270,00	25,29	270,00	25,36
280,00	30,54	280,00	29,36	280,00	28,29	280,00	27,64
290,00	32,77	290,00	31,52	290,00	30,35	290,00	29,30
300,00	35,09	300,00	33,77	300,00	32,52	300,00	31,37
310,00	37,50	310,00	36,08	310,00	34,75	310,00	33,53
320,00	40,00	320,00	38,47	320,00	37,06	320,00	35,85
330,00	42,58	330,00	40,95	330,00	39,45	330,00	38,05

R. 1500 m

Longueur des Abscisses.	Ordonnées.
10,00	0,03
20,00	0,13
30,00	0,30
40,00	0,53
50,00	0,83
60,00	1,20
70,00	1,64
80,00	2,14
90,00	2,70
100,00	3,34
110,00	4,04
120,00	4,82
130,00	5,64
140,00	6,55
150,00	7,52
160,00	8,56
170,00	9,67
180,00	10,84
190,00	12,08
200,00	13,39
210,00	14,77
220,00	16,22
230,00	17,74
240,00	19,32
250,00	20,98
260,00	22,71
270,00	24,50
280,00	26,37
290,00	28,30
300,00	30,34
310,00	32,36
320,00	34,83
330,00	36,75

R. 1550 m

Longueur des Abscisses.	Ordonnées.
10,00	0,03
20,00	0,13
30,00	0,29
40,00	0,52
50,00	0,81
60,00	1,46
70,00	1,58
80,00	2,07
90,00	2,62
100,00	3,23
110,00	3,91
120,00	4,65
130,00	5,41
140,00	6,34
150,00	7,28
160,00	8,28
170,00	9,35
180,00	10,49
190,00	11,69
200,00	12,96
210,00	14,39
220,00	15,69
230,00	17,16
240,00	18,69
250,00	20,29
260,00	21,96
270,00	23,80
280,00	25,83
290,00	27,37
300,00	29,34
310,00	31,32
320,00	33,39
330,00	35,54

R. 1600 m

Longueur des Abscisses.	Ordonnées.
5,00	0,01
10,00	0,03
15,00	0,07
20,00	0,13
25,00	0,20
30,00	0,28
35,00	0,38
40,00	0,50
45,00	0,63
50,00	0,78
55,00	0,95
60,00	1,13
65,00	1,32
70,00	1,53
75,00	1,76
80,00	2,00
85,00	2,26
90,00	2,53
95,00	2,82
100,00	3,13
105,00	3,45
110,00	3,79
115,00	4,14
120,00	4,51
125,00	4,89
130,00	5,29
135,00	5,71
140,00	6,14
145,00	6,59
150,00	7,05
155,00	7,53
160,00	8,02
165,00	8,53
170,00	9,06
175,00	9,60
180,00	10,16
185,00	10,72
190,00	11,32
195,00	11,93
200,00	12,55
210,00	13,94
220,00	15,20
230,00	16,62
240,00	18,11
250,00	20,56
260,00	21,27
270,00	22,95
280,00	24,69
290,00	26,50
300,00	28,38
310,00	30,32
320,00	32,33
330,00	34,40
340,00	36,54
350,00	38,75
360,00	41,13
370,00	43,37
380,00	45,78
390,00	48,26
400,00	50,81
410,00	53,42
420,00	56,11
430,00	58,86
440,00	61,69
450,00	64,59
460,00	67,59

R. 1650 m

Longueur des Abscisses.	Ordonnées.
10,00	0,03
20,00	0,12
30,00	0,27
40,00	0,50
50,00	0,76
60,00	1,09

Longueur des Abscisses.	Ordonnées.	Longueur des Abscisses.	Ordonnées.	Longueur des Abscisses.	Ordonnées.	Longueur des Abscisses.	Ordonnées.
70,00	1,49	100,00	2,98	130,00	4,98	160,00	7,33
80,00	1,94	110,00	3,61	140,00	5,78	170,00	8,28
90,00	2,46	120,00	4,29	150,00	6,62	180,00	9,28
100,00	3,03	130,00	5,04	160,00	7,56	190,00	10,35
110,00	3,67	140,00	5,85	170,00	8,52	200,00	11,47
120,00	4,37	150,00	6,71	180,00	9,56	210,00	12,65
130,00	5,13	160,00	7,64	190,00	10,65	220,00	13,88
140,00	5,95	170,00	8,62	200,00	11,81	230,00	15,18
150,00	6,83	180,00	9,67	210,00	13,02	240,00	16,54
160,00	7,78	190,00	10,78	220,00	14,30	250,00	17,95
170,00	8,78	200,00	11,95	230,00	15,63	260,00	19,42
180,00	9,85	210,00	13,18	240,00	17,03	270,00	20,96
190,00	10,98	220,00	14,46	250,00	18,48	280,00	22,55
200,00	12,77	230,00	15,82	260,00	20,00	290,00	24,20
210,00	13,42	240,00	17,23	270,00	21,58	300,00	25,91
220,00	14,73	250,00	18,71	280,00	23,22	310,00	27,68
230,00	16,15	260,00	20,24	290,00	24,92	320,00	29,51
240,00	17,55	270,00	21,84	300,00	26,68	330,00	31,50
250,00	19,05	280,00	23,50	310,00	27,50	**R. 1800 m**	
260,00	20,61	290,00	25,22	320,00	30,39	5,00	0,01
270,00	22,24	300,00	27,00	330,00	32,37	10,00	0,03
280,00	23,93	310,00	28,85	**R. 1750 m**		15,00	0,06
290,00	26,69	320,00	30,76	10,00	0,03	20,00	0,11
300,00	27,50	330,00	32,73	20,00	0,11	25,00	0,18
310,00	29,38	**R. 1700 m**		30,00	0,26	30,00	0,25
320,00	31,33	10,00	0,03	40,00	0,46	35,00	0,34
330,00	33,34	20,00	0,12	50,00	0,72	40,00	0,45
R. 1680 m		30,00	0,27	60,00	1,03	45,00	0,56
10,00	0,03	40,00	0,47	70,00	1,40	50,00	0,70
20,00	0,12	50,00	0,74	80,00	1,83	55,00	0,84
30,00	0,27	60,00	1,03	90,00	2,32	60,00	1,00
40,00	0,48	70,00	1,44	100,00	2,86	65,00	1,17
50,00	0,75	80,00	1,89	110,00	3,46	70,00	1,36
60,00	1,07	90,00	2,39	120,00	4,12	75,00	1,56
70,00	1,46	100,00	2,94	130,00	4,88	80,00	1,78
80,00	1,91	110,00	3,56	140,00	5,61	85,00	2,01
90,00	2,41	120,00	4,24	150,00	6,44	90,00	2,25

Longueur des Abscisses.	Ordonnées.	Longueur des Abscisses.	Ordonnées.	Longueur des Abscisses.	Ordonnées.	Longueur des Abscisses.	Ordonnées.
95,00	2,51	380,00	40,57	280,00	21,34		
100,00	2,78	390,00	42,76	290,00	22,87		
105,00	3,07	400,00	46,04	300,00	24,49	**R. 1950 m**	
110,00	3,38	410,00	47,32	**R. 1900 m**			
115,00	3,68	420,00	49,69			10,00	0,03
120,00	4,01	430,00	52,12			20,00	0,10
125,00	4,35	440,00	54,64	10,00	0,03	30,00	0,23
130,00	4,70	450,00	57,16	20,00	0,11	40,00	0,41
135,00	5,07	460,00	59,77	30,00	0,24	50,00	0,64
140,00	5,45			40,00	0,42	60,00	0,92
145,00	5,85	**R. 1850 m**		50,00	0,66	70,00	1,26
150,00	6,26			60,00	0,95	80,00	1,64
155,00	6,68	10,00	0,03	70,00	1,29	90,00	2,08
160,00	7,13	20,00	0,14	80,00	1,69	100,00	2,57
165,00	7,58	30,00	0,24	90,00	2,14	110,00	3,11
170,00	8,05	40,00	0,43	100,00	2,63	120,00	3,70
175,00	8,53	50,00	0,68	110,00	3,18	130,00	4,34
180,00	9,02	60,00	0,97	120,00	3,79	140,00	5,03
185,00	9,53	70,00	0,32	130,00	4,45	150,00	5,78
190,00	10,06	80,00	1,73	140,00	5,17	160,00	6,57
195,00	10,59	90,00	2,19	150,00	5,93	170,00	7,43
200,00	11,15	100,00	2,74	160,00	6,75	180,00	8,33
210,00	12,30	110,00	3,27	170,00	7,62	190,00	9,28
220,00	13,50	120,00	3,90	180,00	8,55	200,00	10,28
230,00	14,76	130,00	4,58	190,00	9,52	210,00	11,35
240,00	16,07	140,00	5,31	200,00	10,56	220,00	12,45
250,00	17,45	150,00	6,09	210,00	11,64	230,00	13,61
260,00	18,88	160,00	6,93	220,00	12,78	240,00	14,83
270,00	20,37	170,00	7,83	230,00	13,97	250,00	16,09
280,00	21,91	180,00	8,78	240,00	15,22	260,00	17,44
290,00	23,53	190,00	9,78	250,00	16,52	270,00	18,77
300,00	25,18	200,00	10,84	260,00	17,87	280,00	20,21
310,00	26,90	210,00	11,96	270,00	19,27	290,00	21,69
320,00	28,67	220,00	13,13	280,00	20,75	300,00	23,22
330,00	30,51	230,00	14,35	290,00	22,26	310,00	24,80
340,00	32,40	240,00	15,63	300,00	23,83	320,00	26,44
350,00	34,36	250,00	16,97	310,00	25,46	330,00	28,13
360,00	36,37	260,00	18,36	320,00	27,14		
370,00	38,44	270,00	19,91	330,00	28,88		

Longueur des Abscisses.	Ordonnées.	Longueur des Abscisses.	Ordonnées.	Longueur des Abscisses.	Ordonnées.	Longueur des Abscisses.	Ordonnées.
				185,00	8,58	380,00	36,43
R. 1974ᵐ		**R. 2000**ᵐ		190,00	9,05	385,00	37,41
				195,00	9,53	390,00	38,39
10,00	0,03	5,00	0,01	200,00	10,03	395,00	39,39
20,00	0,10	10,00	0,03	205,00	10,53	400,00	40,40
30,00	0,23	15,00	0,06	210,00	11,06	425,00	45,78
40,00	0,41	20,00	0,10	215,00	11,59	450,00	51,28
50,00	0,64	25,00	0,16	220,00	12,14	475,00	57,23
60,00	0,91	30,00	0,23	225,00	12,70	500,00	63,56
70,00	1,24	35,00	0,31	230,00	13,27	550,00	77,14
80,00	1,62	40,00	0,40	235,00	13,86	600,00	92,12
90,00	2,05	45,00	0,51	240,00	14,45	650,00	108,57
100,00	2,55	50,00	0,63	245,00	15,06	700,00	126,50
110,00	3,07	55,00	0,76	250,00	15,70		
120,00	3,66	60,00	0,90	255,00	16,55	**R. 2500**ᵐ	
130,00	4,28	65,00	1,06	260,00	16,97		
140,00	4,97	70,00	1,23	265,00	17,63	10,00	0,02
150,00	5,71	75,00	1,41	270,00	18,31	20,00	0,08
160,00	6,50	80,00	1,60	275,00	18,97	30,00	0,18
170,00	7,33	85,00	1,81	280,00	19,70	40,00	0,32
180,00	8,23	90,00	2,03	285,00	20,43	50,00	0,50
190,00	9,16	95,00	2,26	290,00	21,14	60,00	0,72
200,00	10,16	100,00	2,50	295,00	21,88	70,00	0,98
210,00	12,12	105,00	2,76	300,00	22,63	80,00	1,28
220,00	13,29	110,00	3,03	305,00	23,33	90,00	1,62
230,00	14,47	115,00	3,31	310,00	24,15	100,00	2,00
240,00	15,67	120,00	3,60	315,00	24,96	110,00	2,42
250,00	16,90	125,00	3,91	320,00	25,77	120,00	2,88
260,00	17,15	130,00	4,23	325,00	26,57	130,00	3,38
270,00	18,55	135,00	4,56	330,00	27,31	140,00	3,92
280,00	19,96	140,00	4,91	335,00	28,26	150,00	4,51
290,00	21,42	145,00	5,26	340,00	29,11	160,00	5,13
300,00	22,93	150,00	5,63	345,00	29,98	170,00	5,79
310,00	24,49	155,00	6,02	350,00	30,87	180,00	6,49
320,00	26,10	160,00	6,41	355,00	31,72	190,00	7,23
330,00	27,78	165,00	6,82	360,00	32,67	200,00	8,01
		170,00	7,24	365,00	33,84	210,00	8,84
		175,00	7,67	370,00	34,52	220,00	9,70
		180,00	8,12	375,00	35,47	230,00	10,60

Longueur des Abscisses.	Ordonnées.	Longueur des Abscisses.	Ordonnées.	Longueur des Abscisses.	Ordonnées.	Longueur des Abscisses.	Ordonnées.
240,00	11,55	80,00	1,07	275,00	12,63	230,00	7,57
250,00	12,53	85,00	1,24	280,00	13,10	240,00	8,24
260,00	13,56	90,00	1,35	285,00	13,57	250,00	8,94
270,00	14,62	95,00	1,51	290,00	14,05	260,00	9,67
280,00	15,73	100,00	1,67	295,00	14,54	270,00	10,43
290,00	16,87	105,00	1,84	300,00	15,05	280,00	11,22
300,00	18,07	110,00	2,02	310,00	16,06	290,00	12,03
310,00	19,30	115,00	2,21	320,00	17,12	300,00	12,88
320,00	20,57	120,00	2,40	330,00	18,22	310,00	13,76
330,00	21,88	125,00	2,61	340,00	19,33	320,00	14,66
340,00	23,23	130,00	2,82	350,00	20,65	330,00	15,59
350,00	24,62	135,00	3,04	360,00	21,68	340,00	16,55
360,00	26,06	140,00	3,27	370,00	22,90		
370,00	27,53	145,00	3,51	380,00	24,15	**R. 4000ᵐ**	
380,00	29,05	150,00	3,75			5,00	0,04
390,00	30,61	155,00	4,01	**R. 3500ᵐ**		10,00	0,01
400,00	32,21	160,00	4,27			15,00	0,03
425,00	36,39	165,00	4,54	10,00	0,01	20,00	0,05
450,00	40,83	170,00	4,82	20,00	0,06	25,00	0,08
475,00	45,54	175,00	5,11	30,00	0,13	30,00	0,11
500,00	50,51	180,00	5,41	40,00	0,23	35,00	0,15
		185,00	5,71	50,00	0,36	40,00	0,20
R. 3000ᵐ		190,00	6,02	60,00	0,51	45,00	0,25
		195,00	6,35	70,00	0,70	50,00	0,31
5,00	0,01	200,00	6,68	80,00	0,90	55,00	0,38
10,00	0,02	205,00	7,01	90,00	1,16	60,00	0,45
15,00	0,04	210,00	7,36	100,00	1,43	65,00	0,53
20,00	0,07	215,00	7,72	110,00	1,73	70,00	0,61
25,00	0,11	220,00	8,08	120,00	2,06	75,00	0,70
30,00	0,15	225,00	8,45	130,00	2,41	80,00	0,80
35,00	0,21	230,00	8,83	140,00	2,80	85,00	0,90
40,00	0,27	235,00	9,22	150,00	3,22	90,00	1,01
45,00	0,34	240,00	9,62	160,00	3,66	95,00	1,13
50,00	0,42	245,00	10,02	170,00	4,13	100,00	1,25
55,00	0,51	250,00	10,44	180,00	4,63	105,00	1,38
60,00	0,60	255,00	10,86	190,00	5,16	110,00	1,51
65,00	0,71	260,00	11,29	200,00	5,72	115,00	1,65
70,00	0,82	265,00	11,73	210,00	6,31	120,00	1,80
75,00	0,94	270,00	12,18	220,00	6,90		

Longueur des Abscisses.	Ordonnées.	Longueur des Abscisses.	Ordonnées.	Longueur des Abscisses.	Ordonnées.	Longueur des Abscisses.	Ordonnées.
125,00	1,96	340,00	14,60	160,00	2,85	410,00	18,72
130,00	2,11	350,00	15,34	165,00	3,11	420,00	19,64
135,00	2,28	360,00	16,23	170,00	3,21	430,00	20,59
140,00	2,45	370,00	17,15	175,00	3,43	440,00	21,56
145,00	2,63	380,00	18,09	180,00	3,60	450,00	22,56
150,00	2,81			185,00	3,81	460,00	23,57
155,00	3,01	**R. 4500 m**		190,00	4,01		
160,00	3,20			195,00	4,23	**R. 5000 m**	
165,00	3,42	5,00	0,003	200,00	4,45		
170,00	3,63	10,00	0,01	205,00	4,68	10,00	0,01
175,00	3,83	15,00	0,03	210,00	4,90	20,00	0,04
180,00	4,05	20,00	0,04	215,00	5,14	30,00	0,09
185,00	4,28	25,00	0,07	220,00	5,38	40,00	0,16
190,00	4,52	30,00	0,10	225,00	5,64	50,00	0,25
195,00	4,76	35,00	0,14	230,00	5,87	60,00	0,36
200,00	5,00	40,00	0,18	235,00	6,18	70,00	0,49
205,00	5,26	45,00	0,23	240,00	6,42	80,00	0,64
210,00	5,52	50,00	0,28	245,00	6,68	90,00	0,81
215,00	5,78	55,00	0,34	250,00	6,95	100,00	1,00
220,00	6,06	60,00	0,40	255,00	7,35	110,00	1,21
225,00	6,33	65,00	0,47	260,00	7,52	120,00	1,44
230,00	6,62	70,00	0,55	265,00	7,86	130,00	1,69
235,00	7,91	75,00	0,63	270,00	8,11	140,00	1,96
240,00	7,21	80,00	0,71	275,00	8,41	150,00	2,24
245,00	7,51	85,00	0,80	280,00	8,72	160,00	2,56
250,00	7,82	90,00	0,90	285,00	9,04	170,00	2,89
255,00	8,14	95,00	1,00	290,00	9,36	180,00	3,24
260,00	8,46	100,00	1,11	295,00	9,68	190,00	3,62
265,00	8,79	105,00	1,23	300,00	10,01	200,00	4,00
270,00	9,12	110,00	1,35	310,00	10,69	210,00	4,41
275,00	9,47	115,00	1,47	320,00	11,39	220,00	4,84
280,00	9,81	120,00	1,60	330,00	12,12	230,00	5,29
285,00	10,17	125,00	1,74	340,00	12,86	240,00	5,76
290,00	10,53	130,00	1,88	350,00	13,63	250,00	6,25
295,00	10,89	135,00	2,03	360,00	14,42	260,00	6,77
300,00	11,27	140,00	2,18	370,00	15,24	270,00	7,28
310,00	12,03	145,00	2,34	380,00	16,07	280,00	7,85
320,00	12,82	150,00	2,55	390,00	16,93	290,00	8,42
330,00	13,64	155,00	2,67	400,00	17,81	300,00	9,04

Longueur des Abscisses.	Ordonnées.	Longueur des Abscisses.	Ordonnées.	Longueur des Abscisses.	Ordonnées.	Longueur des Abscisses.	Ordonnées.
310,00	9,62	140,00	1,78	320,00	9,32	150,00	1,88
320,00	10,23	150,00	2,04	330,00	9,92	160,00	2,14
330,00	10,91	160,00	2,33			170,00	2,41
		170,00	2,63	**R. 6000**^{m}		180,00	2,70
R. 5500^m		180,00	2,95			190,00	3,01
		190,00	3,28	10,00	0,01	200,00	3,34
10,00	0,01	200,00	3,64	20,00	0,04	210,00	3,68
20,00	0,04	210,00	4,01	30,00	0,08	220,00	4,04
30,00	0,08	220,00	4,40	40,00	0,13	230,00	4,41
40,00	0,15	230,00	4,81	50,00	0,21	240,00	4,80
50,00	0,23	240,00	5,24	60,00	0,30	250,00	5,21
60,00	0,33	250,00	5,69	70,00	0,42	260,00	5,64
70,00	0,45	260,00	6,15	80,00	0,54	270,00	6,08
80,00	0,58	270,00	6,63	90,00	0,68	280,00	6,54
90,00	0,74	280,00	7,13	100,00	0,84	290,00	7,01
100,00	0,91	290,00	7,65	110,00	1,01	300,00	7,51
110,00	1,10	300,00	8,19	120,00	1,20	310,00	8,01
120,00	1,34	310,00	8,73	130,00	1,41	320,00	8,54
130,00	1,54			140,00	1,64	330,00	9,08

Chemin de fer de Lyon à Avignon.

NIVELLEMENS, TRIANGULATIONS, TRACÉS, LEVÉS DE PLANS.

SÉRIE DE PRIX

présentée le 15 juillet 1846 à l'approbation de M. Talabot,
ingénieur en chef, directeur.

Nous regrettons de n'avoir pas en main les rectifications qui ont pu y être faites; néanmoins nous publions celle-ci telle qu'elle a été dressée, vu qu'elle contient beaucoup de détails sur la disposition des études.

1° *Plans d'assemblage ou généraux des communes traversées, échelles de 1/10,000 et de 1/20,000, en double expédition.*

Ces plans sont destinés à recevoir les repères généraux, les étiages, la ligne des inondations, et quelques cotes de nivellement, pour déterminer une première ligne de projet, et faire connaître quelles sont les feuilles des plans cadastraux qui doivent être copiées pour plus grande étude du projet ; ci l'un . . . .

2° *Copies des plans cadastraux des communes, en double expédition, échelles de 1/5000, 1/2500, 1/1250, destinées à recevoir les études définitives et le nivellement général;* ci l'hectare . . . .

Idem, levées sur le terrain; ci l'hectare . . . .

Idem, id. ; ci la parcelle . . . .

3º *Repères généraux à inscrire sur les plans d'assemblage des communes.*

Ils seront pris à toutes les bifurcations et à environ tous les 500 mètres.

Les seuils des maisons, les bases des édifices, les margelles des puits, les bornes des routes, enfin tous les points remarquables et invariables, seront surtout choisis pour y établir ces repères.

La tolérance sur 50 kilomètres sera de 18 millimètres, sans qu'elle puisse s'ajouter sur le reste du nivellement.

Les inondations et les crues seront en outre repérées sur les constructions rapprochées.

Chaque repère ainsi établi, marqué à la couleur rouge, vérifié par une seconde opération, et publié à 100 exemplaires, sera payé l'un, ci . . . .

4º *Nivellement général des feuilles cadastrales.*

Tous les accidens de terrain devront être accusés par des cotes convenablement placées au pied des talus, aux crêtes, etc., etc.

Sur les chemins, cours d'eau, les cotes devront être rapprochées.

Enfin, elles seront écrites sur les plans de manière qu'en en comparant deux successives, on puisse obtenir par la moyenne la hauteur du terrain intermédiaire.

L'une sera payée, ci. . . . .
Toute cote inutile ne sera pas comptée.

5º *Additions et rectifications des plans cadastraux.*

Tous les changemens opérés sur le terrain depuis le levé cadastral, et utiles au projet, devront être indiqués en rouge sur les plans cadastraux.

Chaque addition ou changement sera payé l'un, ci. . .

6º *Sur les plans cadastraux* (au moyen de renvois), *sera dessinée l'élévation des ponts et barrages qui se trouvent sur les divers cours d'eau ; l'étiage et les plus fortes crues y étant aussi indiqués.*

Ci par dessin. . . . .

7º *Triangulation de la ligne.*

Aussitôt le tracé arrêté, un plan général en double expédition sera fait, indiquant le mouvement de la ligne, les longueurs des droites et tangentes, le développement des courbes, l'ouverture des angles, enfin toutes les opérations trigonométriques qui auront été faites.

Chaque point trigonométrique, marqué en rouge sur la carte, sera payé l'un . . . .

Le dessin sera en outre payé, par kilomètre de développement, ci . . . .

8º *Tracé et jalonnage.*

Une fois les premiers projets arrêtés sur les plans cadastraux, portant le nivellement général, on en fera application au terrain au moyen d'un jalonnage très-soigné.

La déviation de tolérance ne pourra jamais dépasser, sur les plus grands alignemens, 5 centimèt.; ci par kilom. . . .

9º *Les droites seront arrêtées par des balises placées de kilomètre en kilomètre, si on l'exige.*

Idem *aux extrémités de lignes ou sommets d'angle.*

Idem *aux extrémités des tangentes.*

Ces balises seront toutes parfaitement dressées, de 5 mètres au moins de hauteur au-dessus du sol, peintes en blanc et à l'huile.

Celles des tangentes porteront dans le bas une banderolle rouge de 1 mètre de hauteur.

Celles de sommet porteront à l'extrémité même banderolle rouge.

Elles seront retenues en pied par un mètre cube d'excellente maçonnerie disposée comme il est exprimé dans le dessin fourni.

Elles pénétreront de 0,40 dans le sol et seront butées de terre, en attendant que la maçonnerie vienne les fixer définitivement.

Au-dessous de chaque balise sera enfoncée une petite broche de fer, de 0,01 en carré sur 0,20 de longueur, comme repère, afin que la balise puisse être replacée, si elle venait à être détruite par malveillance ou toute autre cause.

L'une sera payée, ci . . . .

10° *Piquetage.*

Une fois le tracé terminé, on procédera au piquetage de la ligne, qui aura lieu au moyen de piquets en bois dur ayant au moins 0,50 de longueur. Ils auront 0,10 d'écarrissage, ou rondins 0,14 de diamètre. Ils seront placés de 20 mètres en 20 mètres, dépasseront le sol de 0,10, et porteront en tête le N.° de la série ou du kilomètre auquel ils appartiennent, plus celui du chaînage qui les a fixés dans la série.

Ces numéros seront gravés avec un fer rouge ou mis sur plaques de fer-blanc, dont les doubles seront remis aux gardes, pour remplacer ceux qui seraient enlevés par la malveillance.

Des piquets intermédiaires seront en outre placés partout où besoin sera.

Tous ces piquets ne seront enfoncés dans le sol qu'après qu'un avant-trou aura été fait, au moyen d'une aiguille; puis ces piquets seront marqués par un jalon, qui sera ensuite renouvelé par les gardes chaque fois qu'il manquera.

L'un sera payé, ci . . . .

Si l'on est forcé, dans les rochers, d'employer des broches en fer de 0,40 de longueur sur 0,02 en carré, l'une sera payée, ci . . . .

Ou, si l'opérateur le préfère, il fera tailler sur le rocher une surface parfaitement unie de 0,30 en carré, sur laquelle il inscrira en rouge le numéro de la série et du piquet.

Chaque marque ainsi faite sera payée, ci . . . .

11° *Nivellement en long.*

Les piquets étant plantés, numérotés et recepés à 0,10 au-dessus du terrain, on en fera avec le plus grand soin le nivellement; la tolérance n'étant que de 20 millimètres pour 50 kilomètres, sans qu'elle puisse s'ajouter pour les 50 kilomètres suivans, soit donc 20 millimètres pour la ligne totale.

Le nivellement devra se fermer aux repères généraux, et les carnets de l'opérateur et du lecteur seront déposés au bureau de la direction aussitôt le nivellement terminé.

Chaque point ainsi nivelé sera payé l'un, ci . . . . . .

12° *Profils en travers.*

Les profils en travers seront rapportés au piquet d'axe, c'est-à-dire au terrain de ce piquet.

Ils s'étendront à 45 mètres de chaque côté, et accuseront très-exactement tous les accidens des terrains et rochers.

Les hauteurs de mire ne seront prises, pour faciliter les calculs, qu'en décimètres ou demi-décimètres. Par exemple : on écrira 1m 15, 2m 10, 3m 20, 2m 25, etc.

Chaque cote utile de ces profils, y compris celle d'axe, sera payée l'une, ci . . . .

13° *Bornes-repères pour pose de rails, travaux d'art.*

Lorsque tous les projets seront arrêtés, on placera en tête de chaque série, du côté de la montagne, une borne-repère taillée avec le plus grand soin suivant le dessin qui sera fourni.

Elle sera reçue dans un mètre cube d'excellente maçonnerie, et placée sur le milieu des banquettes, pour être le plus possible sous la surveillance directe des gardes de la ligne et sous la main de l'opérateur.

Elles seront de plus annoncées par quatre petits arbustes enveloppant la maçonnerie de fondation.

Ces bornes porteront sur la tête le N.° de la série à la fin de laquelle elles se trouveront, et sur les deux faces amont et aval l'ordonnée écrite en centimètres.

Ces chiffres seront gravés avec les plus grands soins.

La tête des bornes sera peinte à l'huile, et les numéros passés en noir.

Le nivellement s'en fera avec la plus grande exactitude et servira à vérifier tous ceux jusqu'alors faits. La tolérance ne pourra dépasser un centimètre et demi par 50 kilomètres et plus de longueur.

Chaque borne ainsi placée, nivelée, gravée, etc., etc., et les carnets de nivellement déposés, sera payée l'une, ci.

Les arbustes seront fournis par le pépiniériste du chemin de fer.

Plans parcellaires.

14° *Sur le piquetage de la ligne sera levé le plan général des terrains et parcelles traversés.*

Ces plans seront levés à l'échelle de 0,001 et s'étendront généralement à 100 mètres de chaque côté de l'axe, et plus s'il y a besoin.

Les chemins, rivières et ruisseaux seront relevés sur la

plus grande longueur possible, pour être contenus dans la feuille de dessin (grand-aigle).

Toutes les constructions rapprochées de la ligne, et pouvant servir à l'intelligence du plan, seront également levées.

Les chemins, rivières et ruisseaux seront de plus nivelés de 20 en 20 mètres, pour les cotes de ces opérations être rapportées en rouge sur le plan.

Pour les rivières et cours d'eau, l'étiage et les crues seront en plus rapportées au moyen de cotes bleues.

Chaque parcelle portera l'indication de la culture, le numéro du plan cadastral, la lettre de la section.

En outre, il sera fourni un tableau indicatif ou extrait de la matrice cadastrale, portant les noms des propriétaires inscrits, les numéros des parcelles, le nom des sections, etc., et de plus, dans la colonne d'observations, les noms des personnes se prétendant propriétaires d'après récente acquisition.

Ces tableaux doivent en outre être vérifiés à la direction des contributions directes.

L'hectare sera, pour les villes, bourgs et villages, ci . .

Idem. . . . . en dehors des villes, bourgs et villages, ci.

La parcelle, ci . . . .

Chaque point nivelé, ci . . . .

15º *Nivellement barométrique.*

Lorsque le terrain sera très-accidenté, en montagne par exemple, la reconnaissance sur les plans d'assemblage des communes se fera au moyen d'un premier nivellement barométrique, en y cotant exactement toutes les crêtes, cols et ravins . . . .

La cote utile sera payée l'une, ci . . . .

Rapport des Nivellemens et Plans.

16° *Nivellement en long, échelle de* 0^m 001 *pour les lon-*
gueurs, 0^m 005 *pour les hauteurs.*
Ci par point rapporté . . . .

17° *Profils en travers, échelle de* 0^m 005.
Ci par point rapporté . . . .

18° *Plans parcellaires,* par série . . . .

19° *Tous les frais occasionnés pour rectification des erreurs*
relevées par la vérification, seront à la charge de l'opérateur.

FIN.

TABLE DES MATIÈRES.

FIN DE LA TABLE.

Echelle de 0,20 c p. Mètre.

PLANCHE 1.

Figure 1.

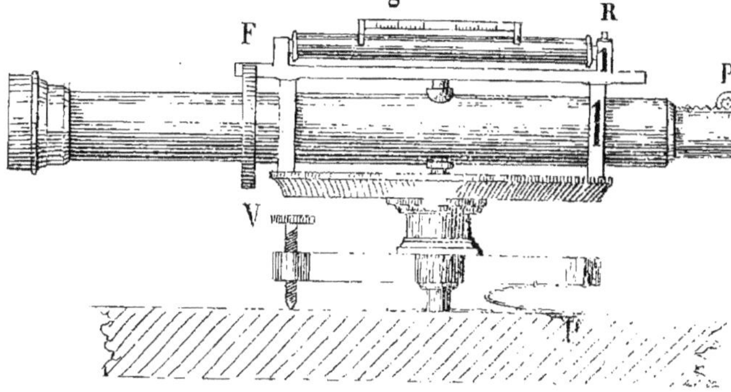

Figure 2.

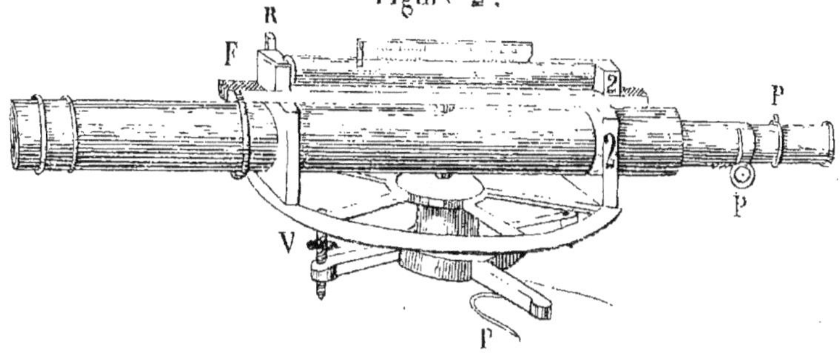

Figure 3.

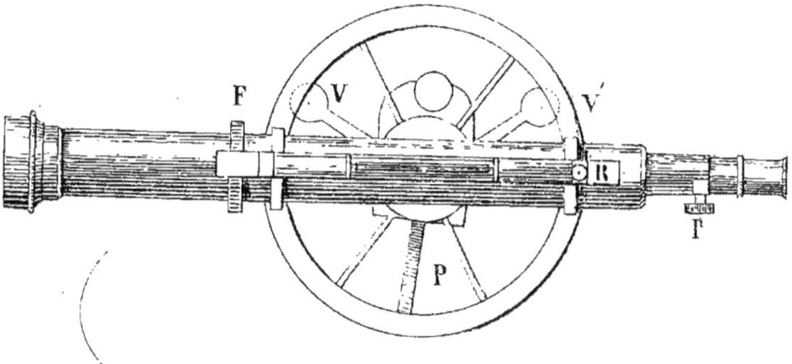

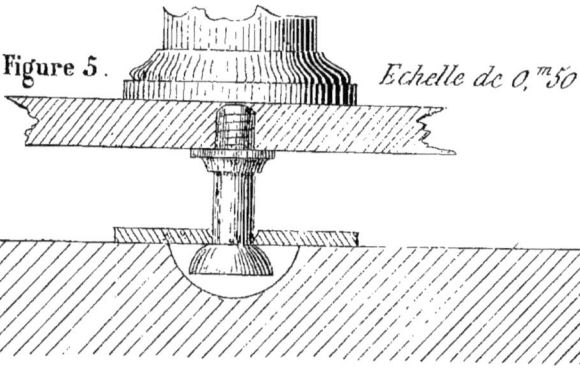

Echelle de 0,^m50.^c **PLANCHE 2.**

Figure 4. *Echelle 0,^m50.*

Figure 5. *Echelle de 0,^m50*

Figure 5. bis. *Echelle de 0,^m50.*

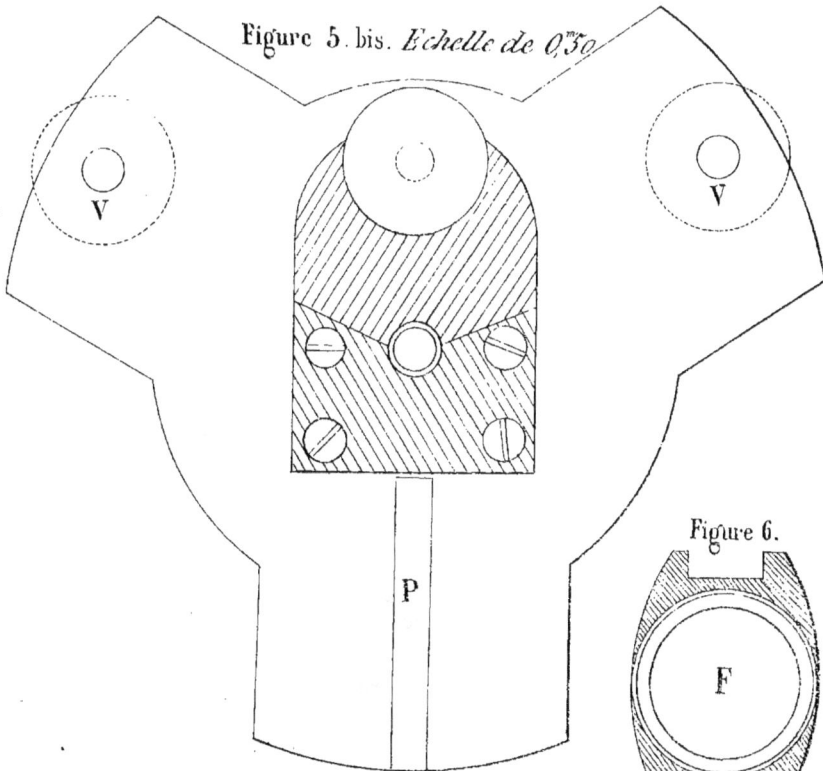

V

V

P

Figure 6.

F

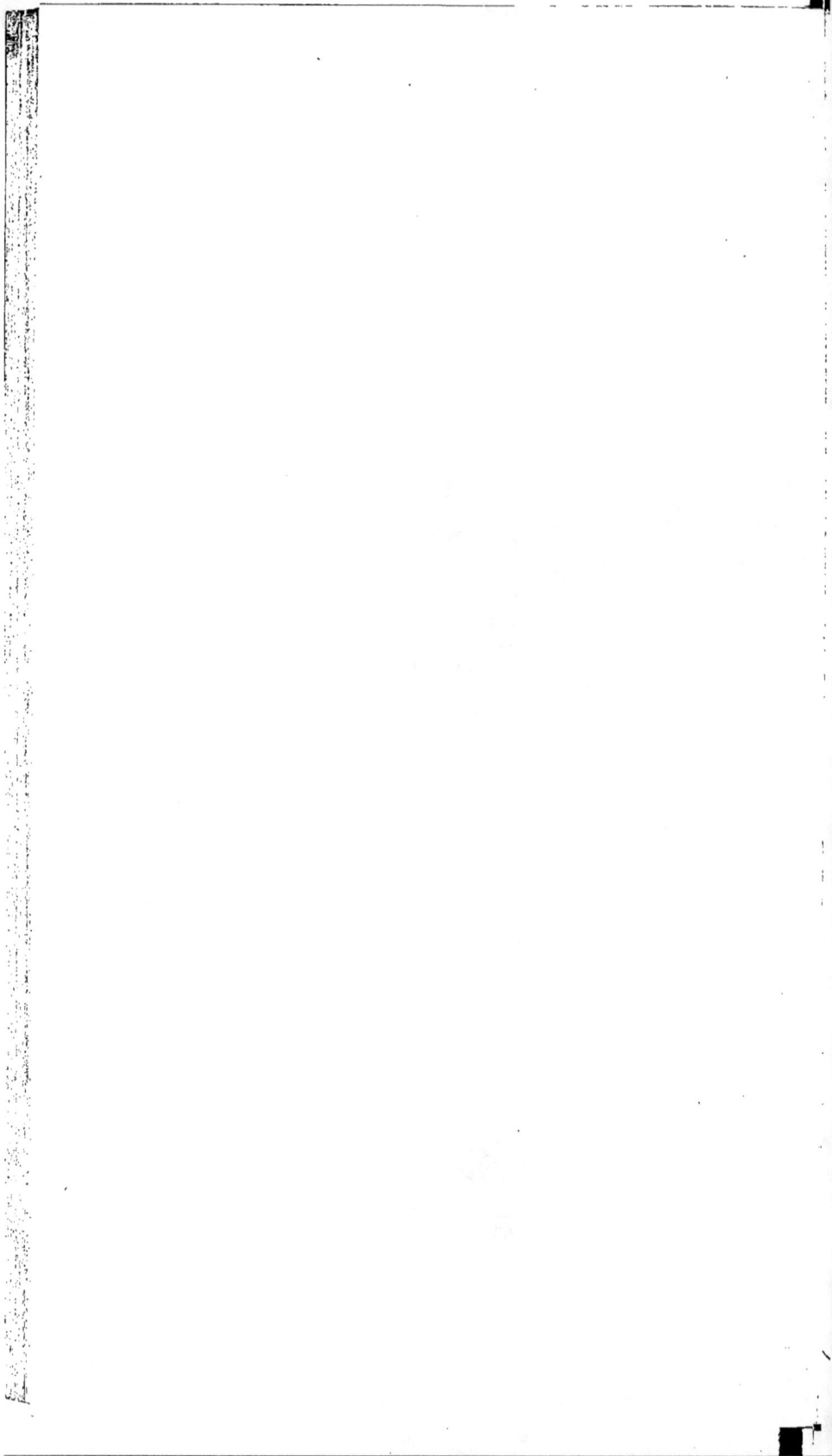

Echellè de 0,ᵐ20 p. M.

Fig. 7.

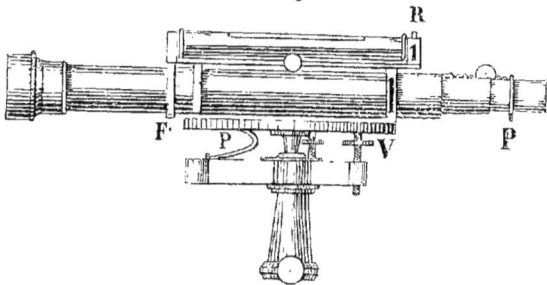

Fig. 8.

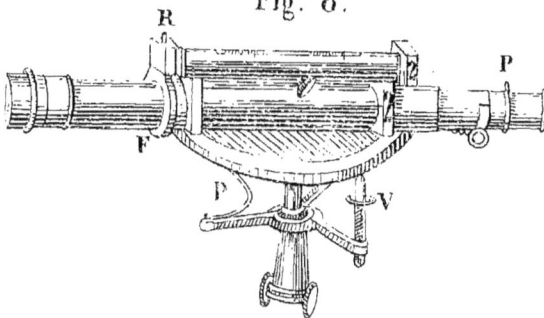

Fig. 9.

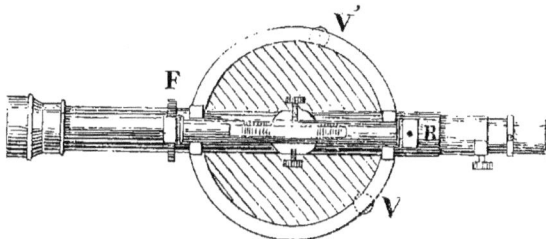

R

Fig. 10. *Echelle de 0,ᵐ50.*

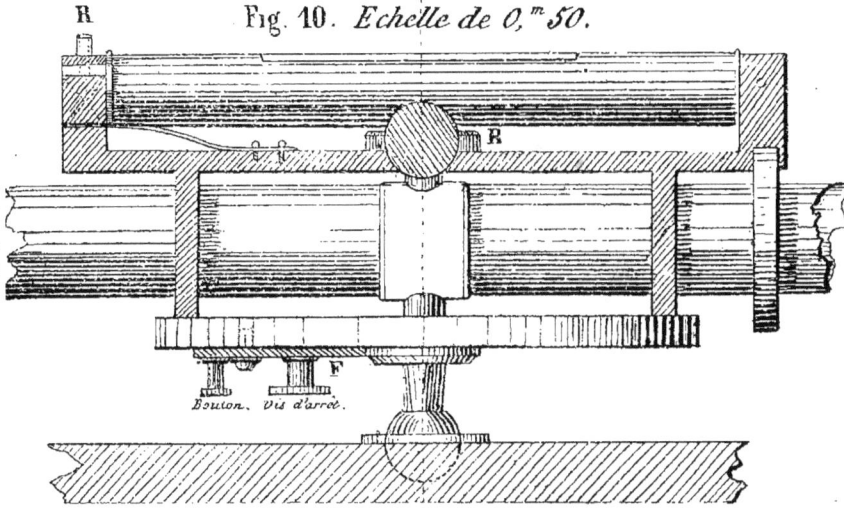

R

Bouton. Vis d'arrêt.

F

Fig. 11. *Grandeur d'execution.*

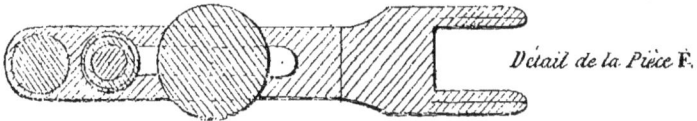

Détail de la Pièce F.

Fig. 12. *Grandeur d'execution.*

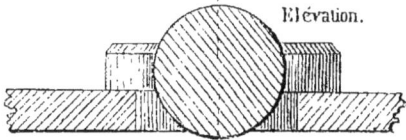

Elévation.

Plan.

Fig. 13.

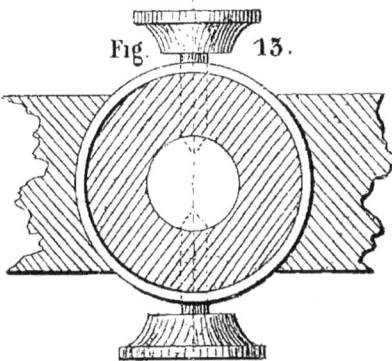

Détail de la Pièce B.

PLANCHE 5.

Fig. 16.

Fig. 14.

Fig. 17.

Fig. 18.

Fig. 19.

Echelle de 0,ᵐ05.ᶜ

Echelle de 0,ᵐ20.ᶜ

Echelle de 0,ᵐ05.ᶜ

Echelle de 0,ᵐ10.ᶜ

Echelle de 0,ᵐ10.ᶜ

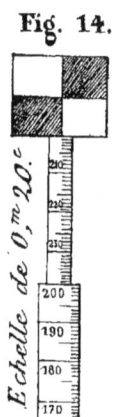

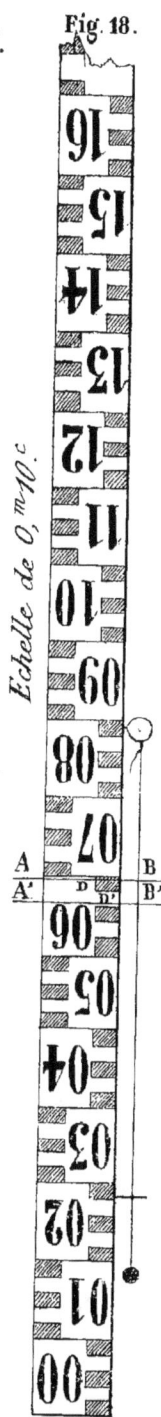

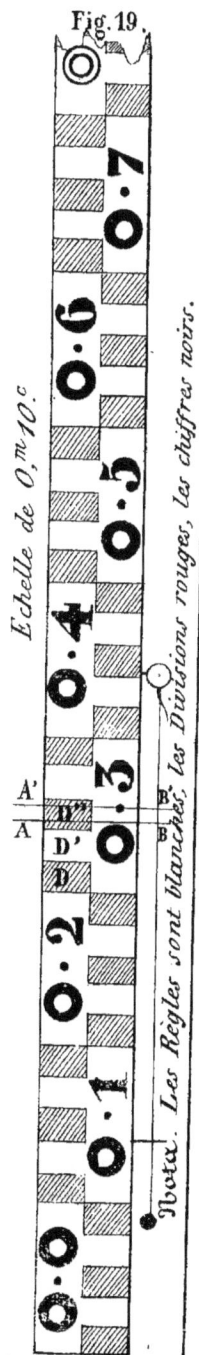

Nota. Les Regles sont blanches; les Divisions rouges, les chiffres noirs.

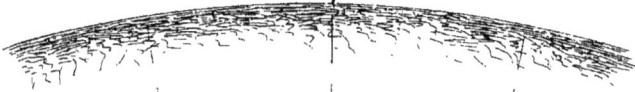

Rayon c' c c" visuel.

PLANCHE 6.

Fig. 15.

R. du Globe, 6,376,900 mètres.

PLANCHE 7.

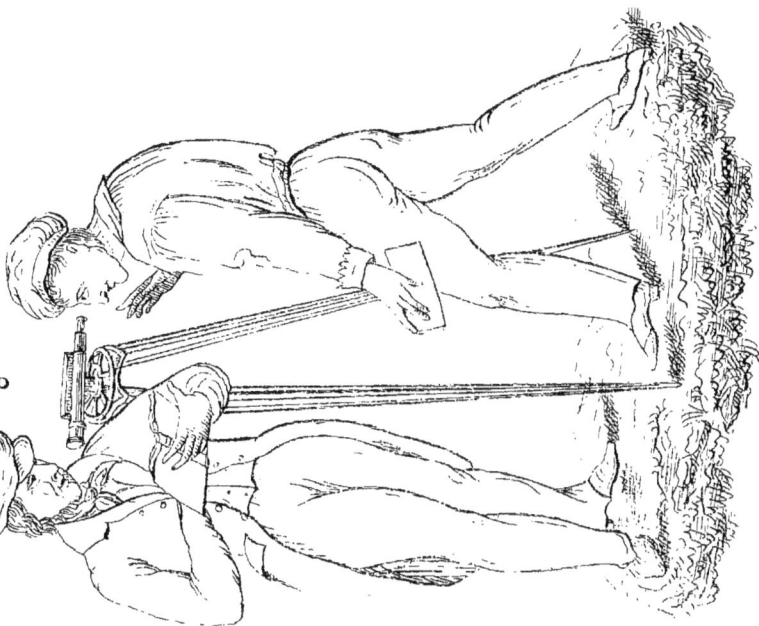

Fig. 21.

Lecteur

Opérateur

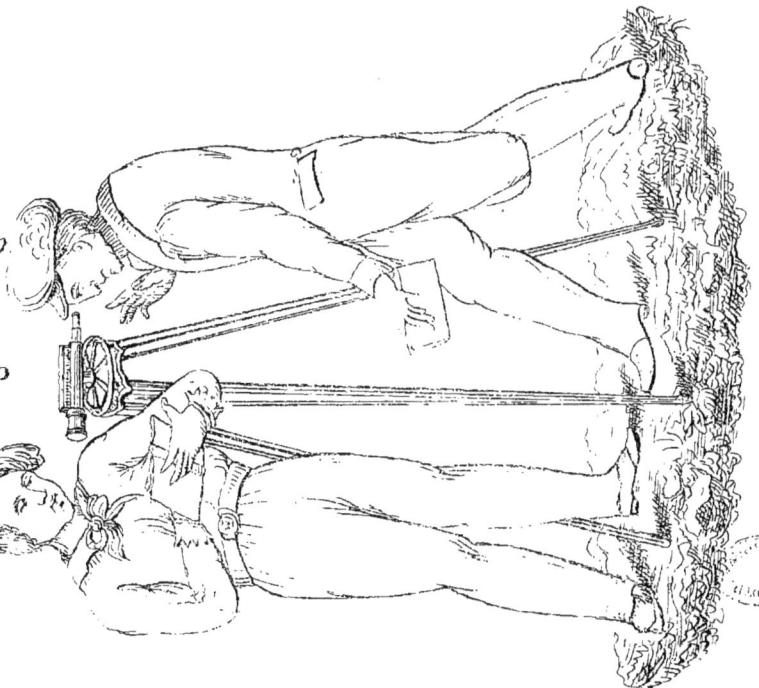

Fig. 20.

Opérateur

Lecteur

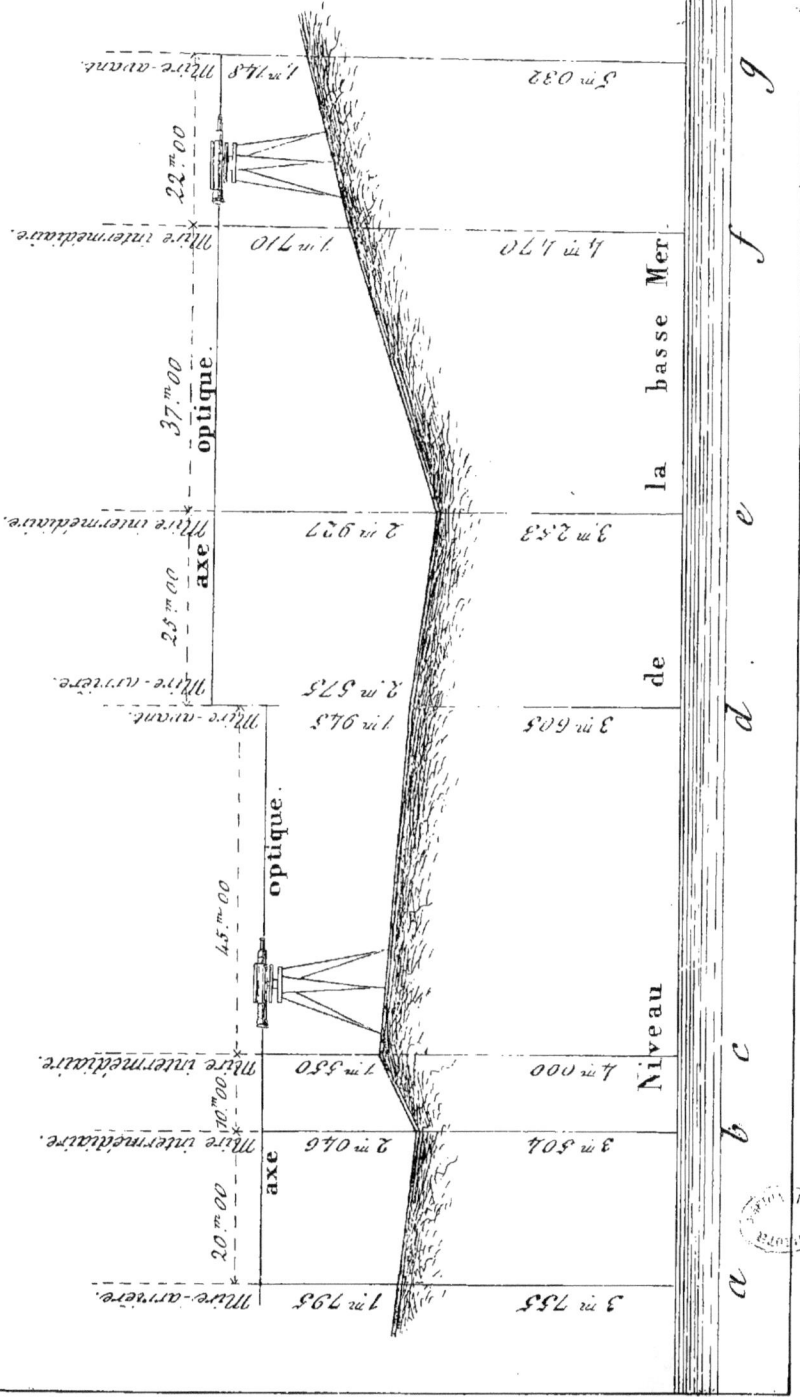

Echelle des longueurs 0,001. id. hauteurs 0,01.

Fig. 22.

Mûre-arrière.   3ᵐ755   1ᵐ795   Mûre intermédiaire.   2ᵐ046   3ᵐ504   axe   Mûre intermédiaire.   1ᵐ350   1ᵐ000   optique.   Mûre-avant.   1ᵐ915   3ᵐ605   Mûre-arrière.   2ᵐ575   axe   Mûre intermédiaire.   2ᵐ927   3ᵐ253   optique.   Mûre intermédiaire.   1ᵐ710   4ᵐ170   Mûre-avant.   1ᵐ748   2ᵐ033

20ᵐ00   40ᵐ00   45ᵐ00   23ᵐ00   37ᵐ00   22ᵐ00

Niveau   de   la   basse   Mer

a   b   c   d   e   f   g

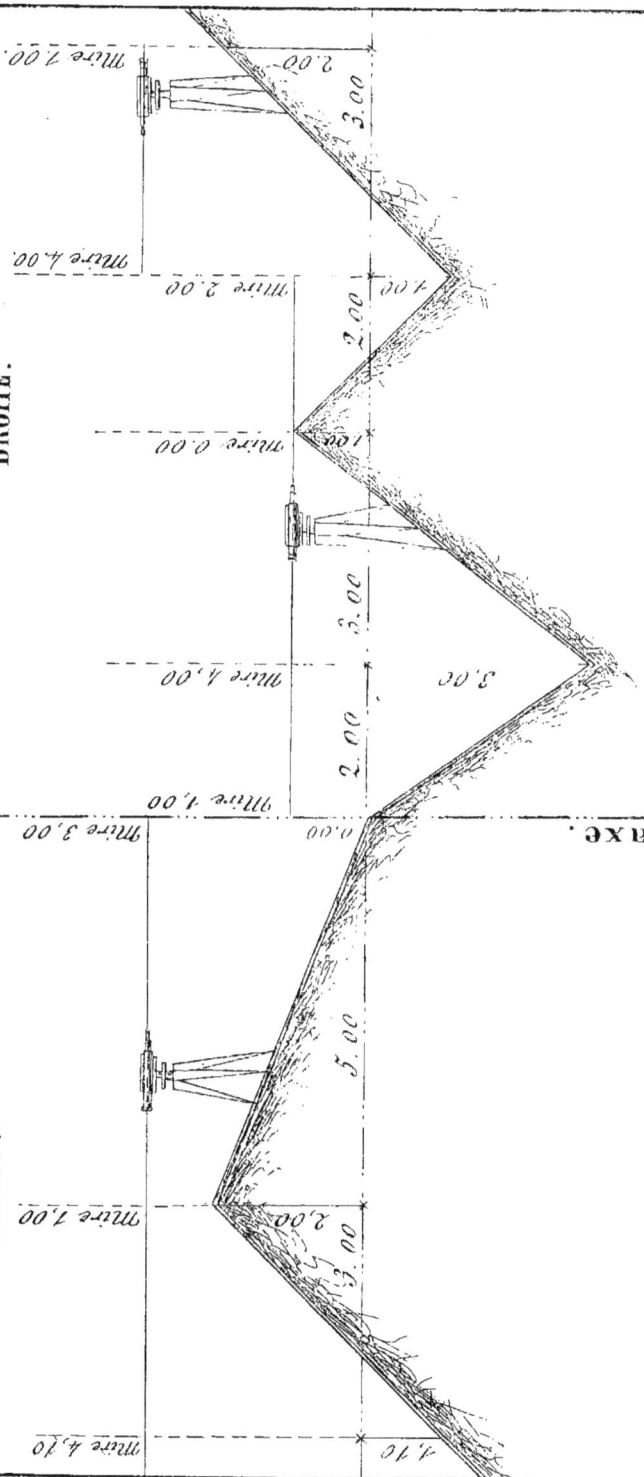

Fig. 23.

Série 125, Piquet 10.

Echelle de 0,ᵐ01. pour les longueurs et haut.ʳ PLANCHE 9.

GAUCHE.

DROITE.

axe.

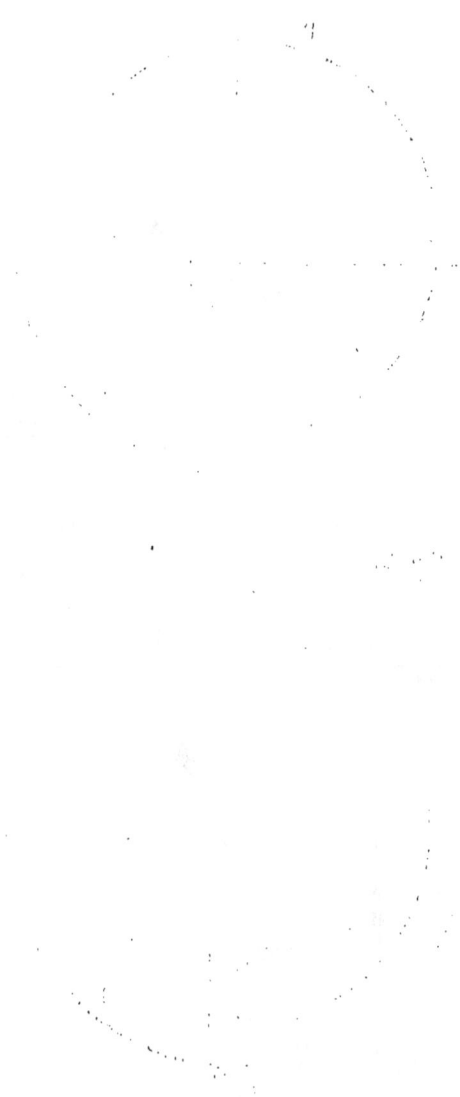

Fig. 24. *Echelle de 0.ᵐ30.*

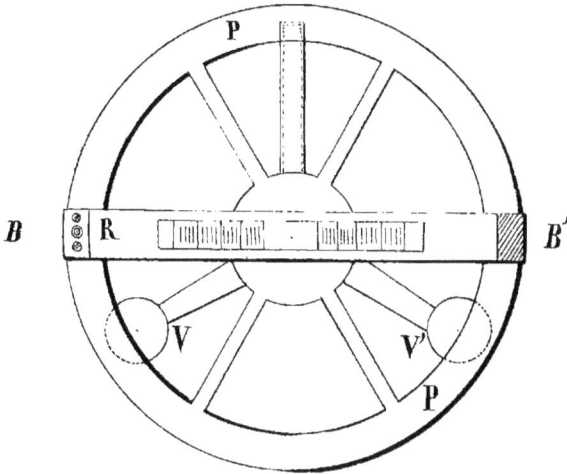

Fig. 25. *Echelle de 0.ᵐ30.*

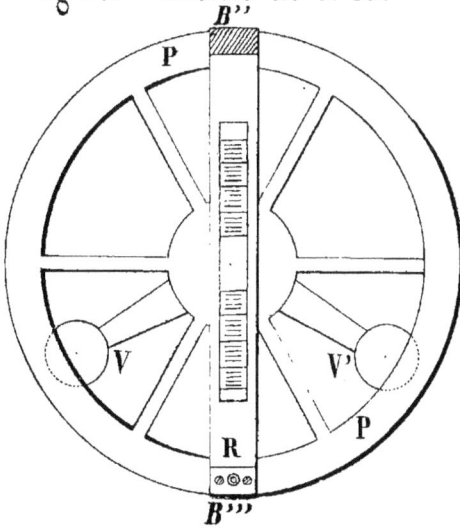

Fig. 26. *Echelle de 0.ᵐ50.*

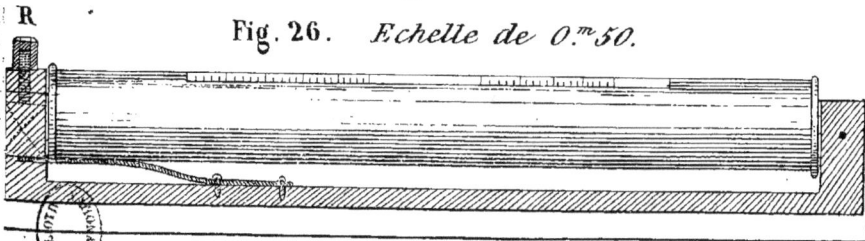

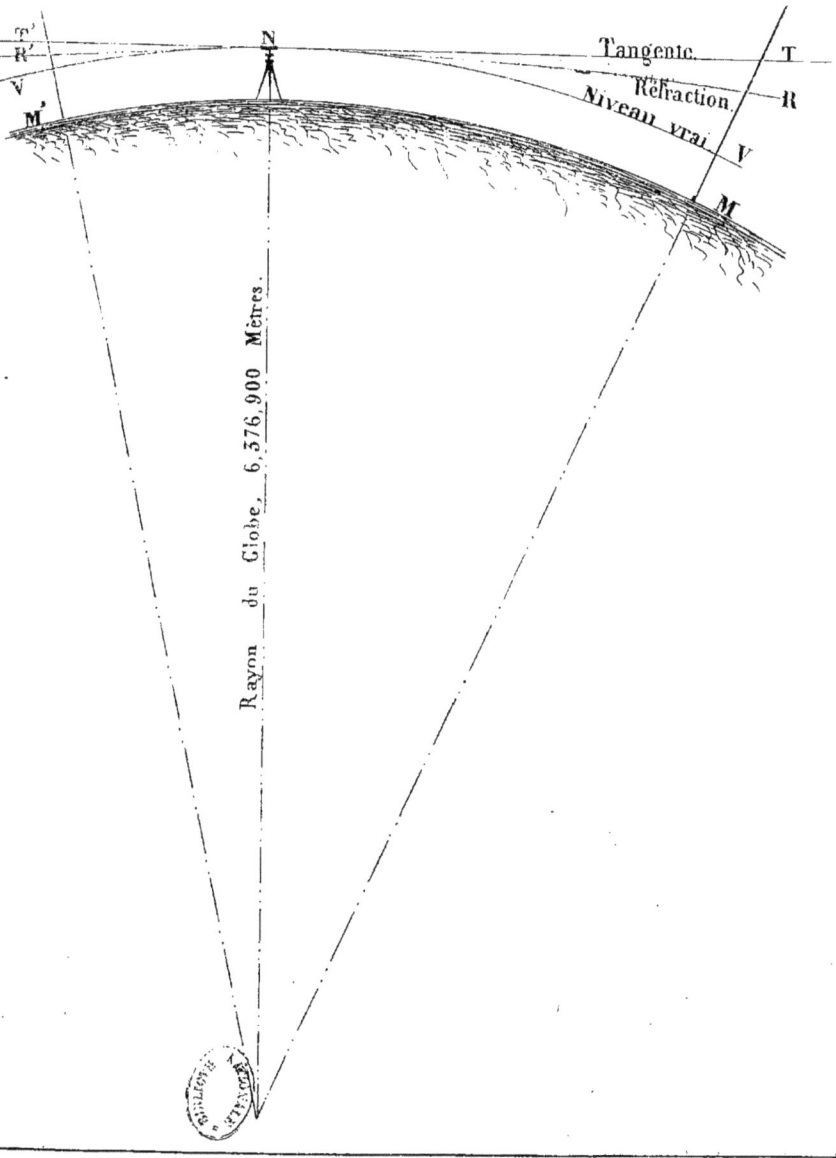

Fig. 27.

PLANCHE 12.

Relation des différentes basses mers prises pour point de départ.

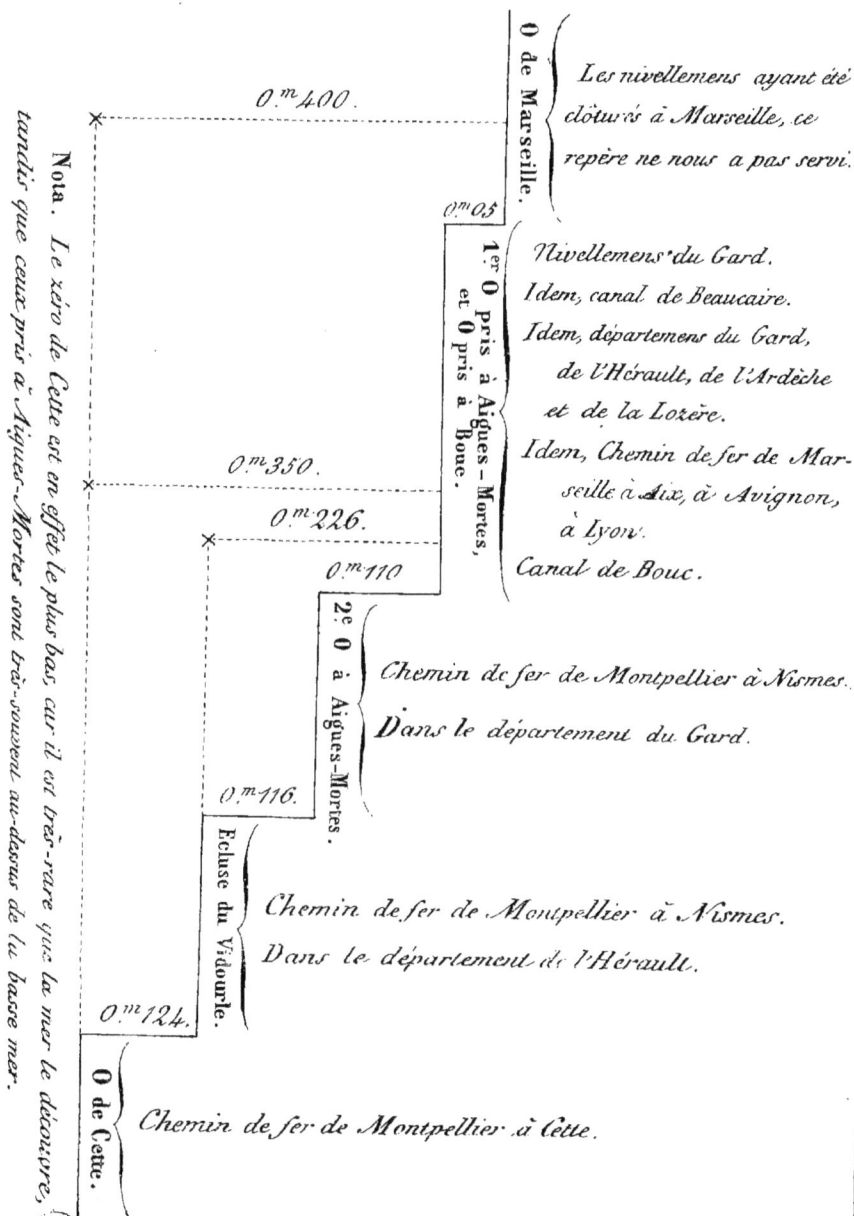

0 de Marseille.

$0^m 400.$

Les nivellemens ayant été clôturés à Marseille, ce repère ne nous a pas servi.

$0^m 05.$

1er. 0 pris à Aigues-Mortes, et 0 pris à Bouc.

Nivellemens du Gard.
Idem, canal de Beaucaire.
Idem, départemens du Gard, de l'Hérault, de l'Ardèche et de la Lozère.
Idem, Chemin de fer de Marseille à Aix, à Avignon, à Lyon.
Canal de Bouc.

$0^m 350.$

$0^m 226.$

$0^m 110.$

2e. 0 à Aigues-Mortes.

Chemin de fer de Montpellier à Nismes.
Dans le département du Gard.

$0^m 116.$

Écluse du Vidourle.

Chemin de fer de Montpellier à Nismes.
Dans le département de l'Hérault.

$0^m 124.$

0 de Cette.

Chemin de fer de Montpellier à Cette.

Nota. Le zéro de Cette est en effet le plus bas, car il est très-rare que la mer le découvre, tandis que ceux pris à Aigues-Mortes sont très-souvent au-dessus de la basse mer.

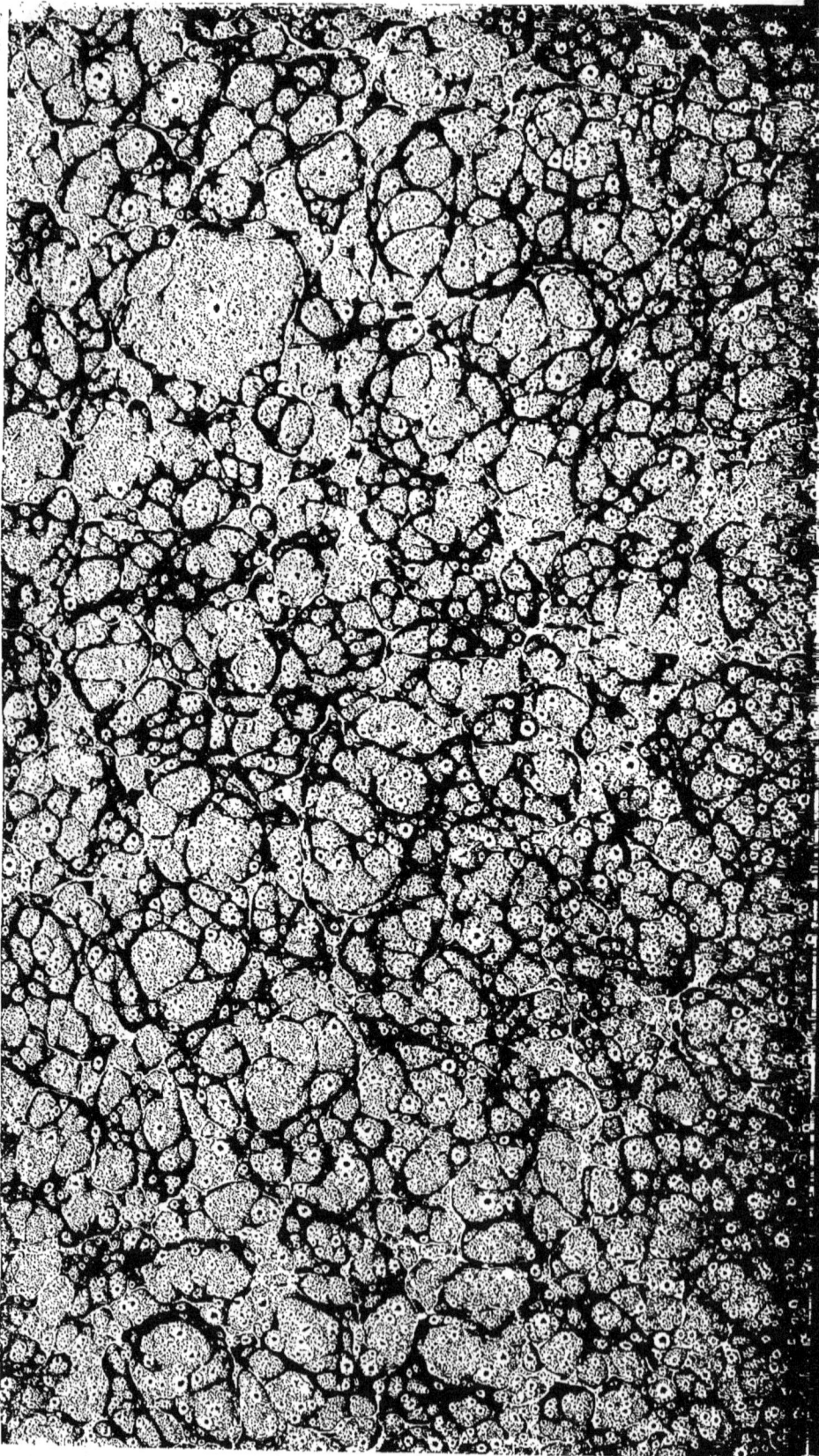

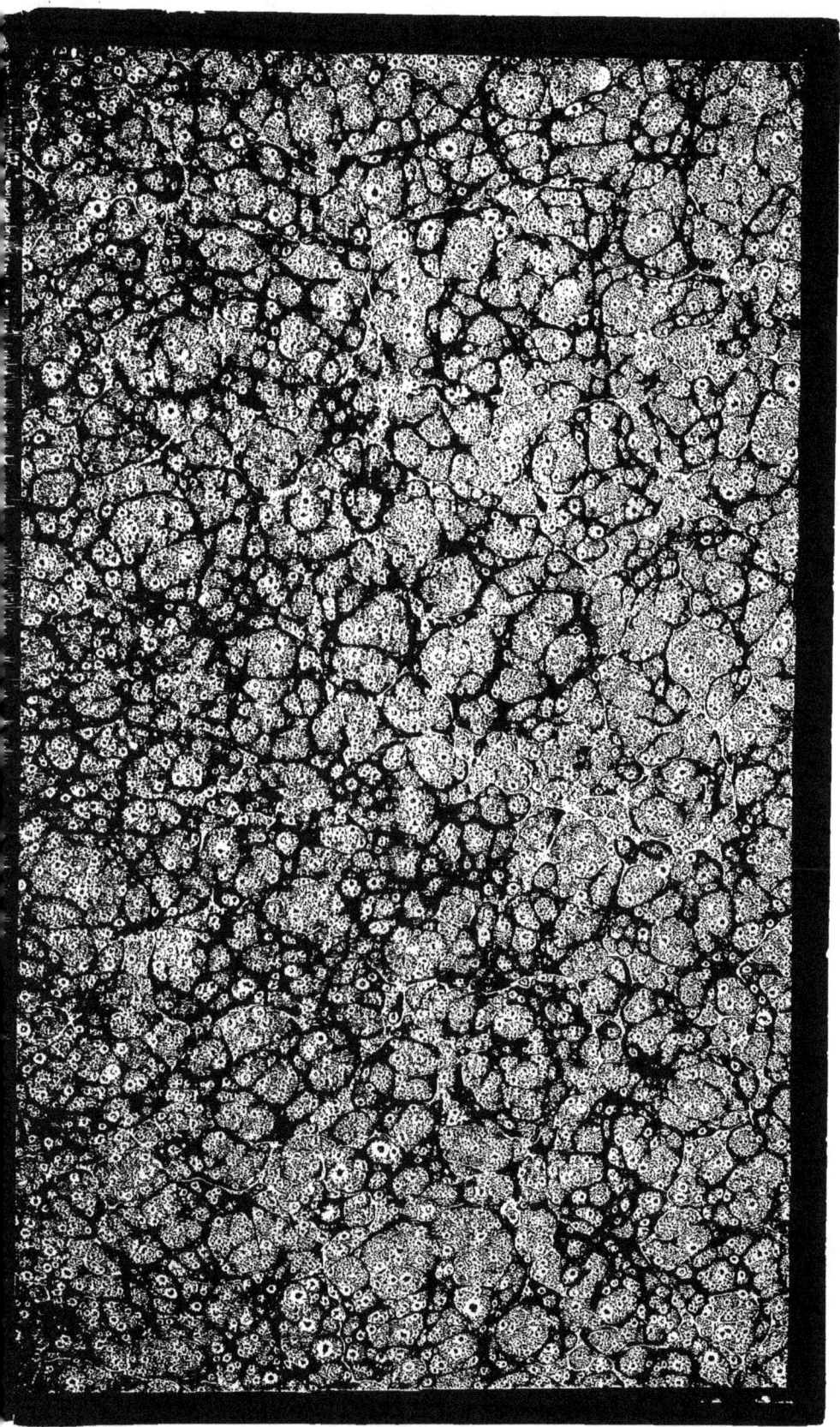

www.ingramcontent.com/pod-product-compliance
Lightning Source LLC
Chambersburg PA
CBHW070240200326
41518CB00010B/1629